電玩遊戲創作⑤

「遊戲設計師」全書

第一本遊戲「趣味」設計力即戰Know-how，打造玩不膩的遊戲

塩川洋介——著　劉人瑋——譯

前言

20年的知識經驗盡在本書中

這本書是為了想製作出有趣的遊戲的人們而撰寫。

一款遊戲的趣味性，關鍵取決於「**遊戲設計**」。筆者是現職遊戲創作者，在**遊戲業界第一線的實務經驗超過20年，希望透過這本書將自己在遊戲製作現場的實用知識經驗，撰寫成任何人都能容易上手的「遊戲設計準則」**。本書的內容適用於所有類型的遊戲，可幫助創作者打造出具體成果。

「這麼神奇？真的假的？」

或許會有讀者覺得狐疑。

不過這是真的。

以下就向各位簡單講述筆者是如何應用本書技巧，最終又創造了哪些成效。

《Fate/Grand Order》獲得世界第一

《Fate/Grand Order》是一款於二〇一五年七月三十日開始販售的智慧型手機RPG遊戲。遊戲在推出的第一時間就因為出現重大缺失，面臨巨大的危機。

筆者就是在這個節骨眼臨危受命加入這個遊戲專案。

自從投身遊戲業界以來，筆者基本上都在家用主機的遊戲領域打滾，例如：《王國之心》系列、《DISSIDIA FINAL FANTASY》等。從未接觸過這類營運型遊戲與智慧型手機遊戲的開發。不僅如此，也幾乎未曾玩過智慧型手機遊戲。無論是做為遊戲開發者、或是從玩家角度，對於智慧型手機遊戲可說都是一無所知之下，卻要加入《Fate/Grand Order》的專案團隊。而且這個遊戲的問題每時每刻層出不窮。當時的筆者便在這爭分奪秒的危機時刻，受託擔任遊戲開發的總負責人，被期待著盡快挽救事態。

經過一段時間後，《Fate/Grand Order》總算克服最初的困難時期，博得日本與全球眾多玩家喜愛，最終成長為**全球年度銷售排行榜第一的熱門遊戲**。在遊戲初期的艱困過程中，最讓筆者費心的部分當數詳細梳理「以遊戲設計層面來說本該如此」但卻沒做好的地方，然後訂出問題處理的優先順序，逐一進行排除。

不過對筆者而言，這歷程實際上是在重現筆者過去從家用主機遊戲的經驗中所累積的Know-how，只是在不同的智慧型手機營運型遊戲環境中實行出來而已。換句話說，這不過是將自己已經內化的遊戲設計方法加以套用，就能夠讓遊戲變得有趣起來。而有趣的、別出心裁的遊戲設計，自然能吸引玩家的青睞進而化為收益。

反觀之，如果筆者當時不具備這套遊戲設計Know-how，在接手專案時很可能就會因為缺乏知識和經驗，最終一事無成地黯然退場吧。這本書要收錄的正是這樣的Know-how，因為這套Know-how是如此重要。

絕對實用！所有遊戲類型皆適用

本書介紹的遊戲設計方法，不僅是對《Fate/Grand Order》有用的個案經驗，而是一套能夠應用在各式各樣的遊戲類型中展現成效的方法。從筆者近年來仍不斷地參與其他類型遊戲的開發製作，例如：「AR」、「VR」、「街機遊戲」、「真實逃脫遊戲」等，儘管筆者還在持續迎接各種遊戲領域的挑戰、豐富閱歷的同時，依然深刻感觸這套遊戲設計Know-how對工作發揮的確切影響。

本書介紹的這套遊戲設計方法，是筆者花了二十年才逐漸累積起來的Know-how精華，幫助自己在各種類型的遊戲領域獲得成功，持續不斷地長期活躍於第一線。

本書每一個章節的安排都有其用意：

第1章〈遊戲設計不是靠天賦〉會向大家說明不需要靠天賦或品味，也能做遊戲設計。

第2章〈遊戲設計「真正的工作」〉要正確認識遊戲設計，首先得先認識「遊戲設計師」究竟是在做什麼。

第3章〈賦予遊戲趣味性的遊戲設計力〉會闡明任何人都學得會的遊戲設計技巧。

第4章〈引領遊戲開發的領導力〉會依照各種情境，介紹增添遊戲趣味性的各種工具。

第5章〈強化遊戲設計能力讓技巧升級〉會解說具體學習法，讓大家能夠自主提升遊戲設計能力。

第6章〈遊戲設計師的挑戰〉會釋明該如何運用本書Know-how，實現學以致用。

第一章和第二章主要是介紹何謂遊戲設計、以及執行遊戲設計時不能不知道的事項等基礎知識。即使是第一次接觸遊戲設計的新手也能輕鬆看懂。第三章開始將闡明遊戲設計實務方面各種實用具體的技巧。

由於本書核心著眼於實戰應用、以及為遊戲增添趣味性的方法，因此基礎知識的內容只會做最低度篇幅的介紹。如果是從未接觸遊戲設計的讀者，建議可以從第一章開始閱讀。如果已經有遊戲開發經驗、或是已有遊戲設計相關基礎知識的讀者，建議可以從第三章開始閱讀。

目標是成為遊戲設計專家

本書聚焦於精確收錄**從現職的遊戲設計創作者而來、能夠被確實活用的內容**。任何人都能學會並實踐。

本書《遊戲設計師全書》的主旨便是，幫助你成為「遊戲設計專家」。

目次 CONTENTS

CHAPTER 2

遊戲設計師「真正的工作」

CHAPTER 3

賦予遊戲趣味性的遊戲設計力

CHAPTER 4 引領遊戲開發的領導力

CHAPTER 5

強化遊戲設計能力讓技巧升級

CHAPTER 6

遊戲設計師的挑戰

CHAPTER 1

遊戲設計不是靠天賦

遊戲設計八成靠的是「準則」

“倚賴品味製作遊戲，只是在進行一場豪賭”

遊戲設計的核心是創造趣味性

遊戲製作的靈魂繫於遊戲設計。開發遊戲時，遊戲設計絕對是少不得的工作。說到「設計」，大家通常想到的可能是插畫、CG等與美術相關的部分。不過，遊戲設計並不是這類型的工作。遊戲設計指的是，使遊戲變得豐富有趣的工作。要為遊戲增添趣味性，便需要制訂各項遊戲規則，經過一連串遊戲開發製作流程，使遊戲最終能夠具體成形。

一款遊戲絕不能缺少趣味性，因為這是玩家玩遊戲時首要追求的目的。所謂的趣味性是人類情緒變化下衍生的產物。「有趣」、「療癒」、「恐怖」、「感動」……等，玩家在遊戲過程中產生的情緒變化，便是遊戲吸引人的地方。但是，遊戲的趣味性絕對不是伴隨遊戲的製作過程就會自然誕生。必須是**創作者有意識地為遊戲製造趣味性，遊戲才會變得有趣**。而在製作遊戲時，為遊戲創造趣味性的工作，就是遊戲設計。

無論哪一種遊戲都需要遊戲設計

任何一種遊戲都需要遊戲設計。市面上遊戲的種類、形式五花八門，例如：使用家用主機、智慧型手機遊玩的電子遊戲；桌上遊戲、集換式卡牌遊戲等非電子遊戲；在現實世界遊玩的脫逃遊戲、桌上角色扮演遊戲（TRPG）等。雖然這些遊戲的型態各不相同，但只要具有遊戲屬性，在遊戲製作過程中就必須想辦法**增加遊戲的趣味性**。因此，在遊戲開發的每個階段，都要有遊戲設計。

遊戲設計必須有專門人員負責

實務上，遊戲設計的工作可能是由好幾種職位的人負責。而由哪個職位的人負責遊戲設計、專門負責的人職稱又是什麼，也會隨著每家公司及專案情況而有所不同。一般來說，擔任遊戲設計工作者的職稱可能有：「遊戲設計師」、「遊戲企畫」、「策畫師」、「遊戲策畫」。有時也會由總監、程式設計師擔任遊戲設計。不過，無論是掛上哪一個職稱、由哪個職位的人負責，**開發遊戲時一定要有專門的人員負責遊戲設計**。

遊戲設計對商業層面至關重要

遊戲設計的重要性正在逐年增強。現今的遊戲產品不再是上架販售後就沒事了。隨著遊戲形式愈來愈多元，如今的主流模式是使用智慧型手機遊玩，並在遊戲發售後陸續推出各種活動。

這類型遊戲大多採「計量付費制」。遊戲本身「免費下載」後即可遊玩，在過程中玩家可以依照個人使用情況，在任意時間點支付任意金額進行購買。所以，如何在遊戲營運期間持續不斷地為玩家帶來樂趣，讓玩家即使長時間不停地玩仍然能感覺愉快，可說是至關重要的考量。

這裡要注意到，就算遊戲本身的趣味十足，也不表示玩家就會付費。像這種免費就可以玩的遊戲，**如何將遊戲的樂趣與收益連結，也是遊戲設計必須考慮的一環**。現今市場的主流多採取「免費下載＋計量付費制」的營運型遊戲，無論是就趣味性的內容層面、或是增加收益的商業層面，遊戲設計都擔綱了重要角色。

在變化多端的遊戲產業，遊戲設計需要滿足的需求也愈來愈複雜。還有一種營運型遊戲是採取每月支付固定金額的「定額付費制」；而且除了營運型遊戲之外，還有眾多其他模式的遊戲。這些遊戲與採取計量付費制的遊戲所需要的遊戲設計又截然不同。

綜合以上所述，無論是哪種類型的遊戲，只要是想製作出吸引人的遊戲，就不能不考慮到遊戲設計。不僅如此，如果想要創造出內容豐富飽滿足以商業化的遊戲，遊戲設計當然更不可或缺。

隨著現代遊戲的發展和進化，遊戲所需的遊戲設計內容也在不斷推陳出新，未來還將持續日新月異變化下去。而就如同遊戲技術和美術方面都會隨著遊戲產業的發展而持續進化一樣，**今後的遊戲設計自然也必須回應時時刻刻變化不休的市場需求**。

遊戲設計「準則化」

遊戲設計的難度逐步攀升

遊戲產業日新月異，連帶也使得遊戲設計的難度不斷攀升。隨著產業發展，過去從未考慮過的內容，從某一天開始就成了遊戲設計過程中不可或缺的一環。遊戲本身可以免費下載的這種商業模式就是很好的例子。可是，就算遊戲設計所處的產業環境如此艱困，遊戲中還是不能缺少遊戲設計。

這時候，最重要的莫過於擁有一套遊戲設計Know-how，讓遊戲設計師能夠確保無論在何種條件與環境之下，都能穩定地創造出成果。然而放眼所及，現今遊戲設計領域裡，並沒有這麼**一套足以應對未知問題、可通用並且實用的遊戲設計方法**。換句話說，遊戲設計工作目前的處境可說是如履薄冰岌岌可危。

遊戲設計不能只靠品味或天賦

如果說「遊戲設計＝將遊戲變有趣」，很多人可能會以為這份工作需要仰賴品味和感性。固然這份工作或多或少會在遊戲設計上展露遊戲設計師個人的品味與感性。但是，**做這份工作如果全憑個人感性，無疑是在賭博而已**。

只要一擔任專業的遊戲設計職務，無論發生任何狀況，都必須能夠穩定地產出遊戲設計的工作成果。誠然有時候全憑感性作業也能創造優秀成果。可是那樣的工作方式無法確保每天都能持續穩定地產出，而且還要長久不輟。憑著偶然迸發的靈光乍現來工作，也很難將每次的工作成果和經驗延續到下一次而形成累積。

再加上大部分的情況下，開發遊戲的主要目的是為了企業營利。如果有一間企業敢在這種動輒數億日圓到數十億日圓不等的開發專案中，將攸關成敗的遊戲趣味性押注在個人的感性上，那可真是勇氣可嘉。

儘管如此，現實中認為「遊戲設計＝有品味與感性才能做好的工作」還是相當地普遍。

只在乎「過去成就」、「業績數字」無助於遊戲設計

隨著營運型遊戲愈加普及，「使用品味和感性的遊戲設計方式」等不同的製作方式也隨著

急遽發展。主要的製作方式是分析銷售額與玩家動態相關的數值，依照分析結果找出最重要且能夠保障遊戲收益的環節，並針對該環節採取各種措施。或者是，試圖納入其他遊戲中大獲成功的概念，甚至是重現過去獲得佳績的設計法。

建議讀者要有個概念，**只是追求過去成就的遊戲設計，通常都無法成功**。舉例來說，假如你在考慮遊戲設計時盡是想著「現在流行這種設計」、「這種類型的遊戲可以賣到這個數字」，就表示你在製作遊戲時都是以其他遊戲作品為基準在思考。這種方式對於研究同業公司的現況發展、以及累積產業知識十分有幫助。可是，像這樣以其他遊戲為基準展開的遊戲設計，即使有可能湊巧獲得佳績，仍屬於高風險行為。因為當下市場上看起來成功的產品，是從遙遠的過去持續花費時間開發製作出來的。在你看到成功的設計之後開始展開行動，等到遊戲正式推出後，該設計也早就落伍了。換句話說，製作遊戲時如果**只是依照市場的現況來做決策，只會被業界遠遠地拋在後頭**。

遊戲市場競爭激烈，一旦能力遠落於人，就會輕易遭到淘汰。同理，一味參考過去的數據製作遊戲，即使部分內容能夠僥倖成功，但是大部分都沒辦法通用。過去一度創下佳績的設計，由於時空背景已經大不相同，即使現在再複製同一套設計手法，未必能取得同樣的成功，也不能確保成功的機率。

話雖如此，「過去的做法」、「數據」還是最直接且清晰的資訊，實際上多數人還是會認為只要參照過去的資料，就能做出好的遊戲設計。

遊戲設計準則能夠幫助重現優秀的遊戲設計

進行遊戲設計時，既不能仰賴感性、又不能盲從數據。但是，還是有一套方法能夠幫助遊戲設計師交出穩定的作品成果。這個方法就是本書的主旨：「遊戲設計準則」。**透過遊戲設計準則，任何人都能使用同一套手法確實創造出作品**。

遊戲設計準則，就是一套可以「反覆再現的機制」。這套準則的目的不是要複製過去舊的或者成功的作品，而是讓遊戲設計師在任何情況下都能獨立生產出成果。這樣才稱得上可再現性。

本書便是要介紹這套能夠反覆再現的遊戲設計法，教你利用遊戲設計的準則，在任何環境下都能夠穩定創造出成果。

人人都能學會的「準則Know-how」

遊戲設計準則讓每個人都能學會遊戲設計

既然是準則，就表示這套方法對每個人都適用。準則的功能就是能幫助每個人，將知識、技術提升到一定的高度。

這套準則也適用於不同類型的遊戲。學習這套準則化的遊戲設計方法，並不需要具備任何的特殊才能。這和我們學習其他事物的過程並無二致，學習家電的使用方法，或者去駕訓班學習交通法規或是開車法，基本上都是一樣的。

想要學會遊戲設計，首先，要先吸收這套做法的知識，接著自己動手嘗試，直到身體養成慣性反應。經過反覆操作之後，就能慢慢變得熟練並且自然地內化。本書要幫助大家，**只要依照設計好的Know-how實踐練習，每個人都能順利確實交出一定的成果**。

接下來，會介紹幾種不同的「遊戲設計方法」，但這不是單純幫各位補充知識而已。為了讓大家都能輕鬆學會這套Know-how，每種方法都會包含下面三項特徵。

- **實踐運用時不具備專業知識也沒關係**
- **任何環境下都可以應用操作**
- **準則內容中包含了學會的方法**

以下先針對這三項特徵加以說明。

實踐運用時不具備專業知識也沒關係

是指本書介紹的遊戲設計方法，**即使對遊戲設計、遊戲開發毫無相關知識，也能徹底學會**。

本書教授的Know-how，是一套適合從零開始學習的實用技巧。就算從來沒做過遊戲設計或是遊戲相關的工作，甚至對開發遊戲流程一無所知，都不打緊。而且筆者在編寫時，特別重視這些技巧要能夠立刻應用在工作上，所以內容的可操作性可說相當高。本書所追求的一大特色就是，讓這套準則化的Know-how對讀者而言不僅是寶貴的知識，還必須十分實用，即使是零經驗的人也不用擔心學不學得會的問題。

任何環境下都可以應用操作

本書介紹的遊戲設計方法，**能夠不受周遭環境限制，靈活應用**。我們固然無法預料未來的遊戲產業會如何變化。但筆者在本書中強化遊戲設計的核心觀念，將其彙整成完整的Know-how，這套內容不但不會過時，還能因應各種環境條件的變化。

如果是關於遊戲領域或是遊戲平台等特殊環境的必要知識，只要實際投入該領域，體驗一段時間後就能掌握大概的知識。而本書所介紹的Know-how是遊戲設計的核心觀念，以運動為例，就像是協助鍛鍊足以因應任何一種運動競技所需的基礎肌力一樣。因此，不管你面對的是哪一類遊戲領域、遊戲平台或是服務模式，這套遊戲設計方法都能夠派上用場，甚至還能用來因應未來遊戲產業的任何改變。

準則中就已包含了學會的方法

本書除了教授遊戲設計的方法，**還要有系統性地帶著大家一步一步學會**。如果只是熟讀準則，雖然增長了知識，但不表示就懂得應用。實踐自己學到的知識才是關鍵。

如果單純只是用來了解相關的知識，當然也沒有問題。但若是有朝一日想要將自己獲得的知識進一步融會貫通實踐出來，卻不得其法的話，那麼筆者的這套Know-how也稱不上完善。

因此，本書不僅介紹如何將準則應用到實務現場，也會教大家靈活運用書中的知識。

套用「準則」幫你拿到八十分

準則就只是準則

有關遊戲設計的準則，要先請大家理解一件事。那就是，準則無論如何也就只是準則罷了。這就像是，只要參加駕訓班，每個人都能學會開車。但並不表示去上了駕訓班就能夠變成職業賽車手。遊戲設計也是如此，準則不是魔法，無法實現不可能的事。**套用準則Know-how完成的遊戲設計，是幫助你在滿分一百分中起碼拿到八十分。**

起碼有八十分？

只能拿到八十分？

八十分，或許有的讀者會不以為然，但事實上這八十分可是意義非凡。**本書所指的八十分，是遊戲成品足以令目標客群感到有趣的最低標準。**如果能達到更高的一百分甚至一百二〇分，那這款遊戲基本上就能躋身「史上最有趣的遊戲」、「每個人一生中不可錯過的遊戲」了。

相信想從事遊戲設計的各位，也有追求這樣更高目標的志向吧。但換個角度來說，倘若一款遊戲的遊戲設計連八十分也達不到，表示這款遊戲根本沒有做為商品的價值，更遑論提供玩家足夠的娛樂性。這樣看來，八十分絕對不是什麼低標的及格分數而已。

先運用準則取得八十分，再想如何更上一層樓

本書的主旨是讓每個人透過準則化Know-how，能夠穩定產出達到八十分的遊戲設計。

也就是讓每個人了解遊戲設計的核心觀念，

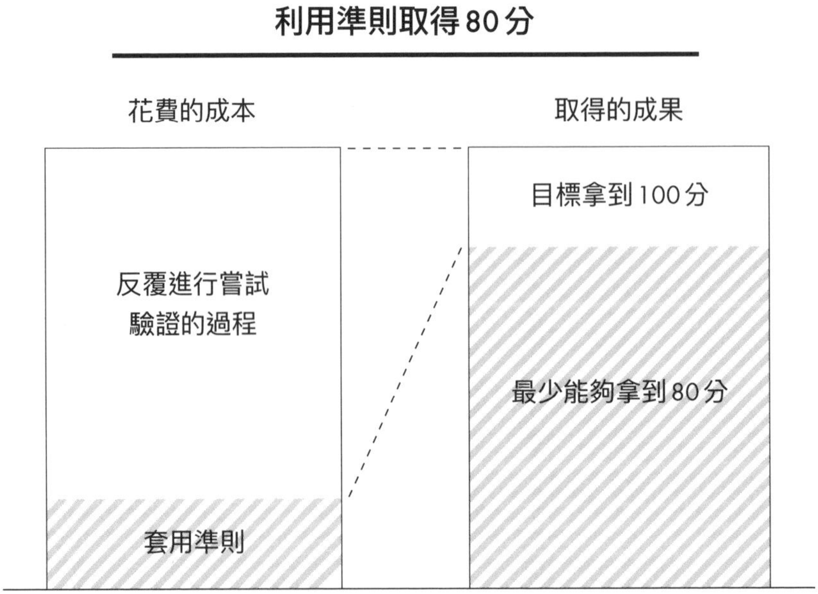

並且學會如何再現成功模式，最終透過實務操作，具備在無論任何情況下都能穩定創造出八十分的遊戲設計能力。

如此一來，**遊戲設計師便可在該成果的基礎上，再努力填補不足的二十分**。換句話說，本書目的是幫助大家打造八十分遊戲設計的基礎，正因為有此能力，才有機會創造出一百分、甚至超越一百分以上的成果。

POINT

1. 遊戲設計的關鍵是創造遊戲趣味性。
2. 營運型遊戲的商業模式之所以能夠成功，也是取決於遊戲設計。
3. 執行遊戲設計時，具備「可再現」能力比感性更重要。
4. 能夠在遊戲設計中反覆再現的方法，可透過「準則化 Know-how」學會。
5. 這套 Know-how 任何人都能學得會。
6. 運用 Know-how 便能穩定產出八十分的遊戲設計。
7. 能穩定產出八十分的成品後，才能夠集中精力實現一百分的目標。

過去的遊戲設計教學法已經派不上用場

”過去的方法已經過時，在實務現場毫無用處“

遊戲開發的真相是費盡苦心卻連八十分都拿不到

對玩家來說，遊戲有趣是理所當然

從玩家的角度來說，遊戲理所當然應該具有十足的娛樂性。這種想法如同「一家餐廳本來就應該端出美味的料理」一樣。對玩家來說，我都花錢花時間玩遊戲了，遊戲當然就要帶給我同等甚至更超值的回報。

但真實情況是，並非每一款遊戲都具有趣味性。在這個世界上絕大多數的遊戲未能獲得大眾的認可，許多遊戲甚至沒有機會為人所知，就這麼出現後又消失了。

但市場上不會有哪一個製作遊戲的廠商會故意推出無聊的遊戲產品。要讓推出的遊戲內容豐富並且引人入勝，背後倚靠著眾多的人力、金錢與時間。可是為什麼市面上還是有這麼多無聊的遊戲呢？說起來，這與遊戲的媒體特徵緊密相關。

遊戲光是製作上就很困難

光要製作並且完成一款遊戲本身極其困難。在各種形式的娛樂媒體中，遊戲製作的困難度遠遠超過任何其他形式的媒體。

目前還沒有任何教學法能夠保證，創作者只要照做就一定能完成一款遊戲。因為要製作完成一款遊戲，所需的要素截然不同。不同的遊戲類型，遊玩的人數、時間長短、遊戲方法等都存在著極大的差異。例如多人玩家一起反覆遊玩、一次三分鐘的運動類遊戲；由單人玩家獨力破關、總遊戲時長三十小時的ＲＰＧ遊戲等，每一種遊戲的最終成品樣態五花八門，之間的差異極大。

反觀小說或漫畫等以紙張為媒介的媒體，則是在一定頁數內填入圖片、文字，姑且不論品質好壞，也能算是一部小說或漫畫作品。動畫、電影、戲劇等影視媒體也是一樣，在規範時長內放入影像內容，暫且不論成品效果如何，至少也稱得上是一件作品。可是遊戲並非如此。就算製作一定數量的遊戲角色、背景等圖片素材，也無法成為一款遊戲。

每隔幾年，遊戲型態就有翻天覆地的變化

遊戲產業環境的頻繁變化，也是造成遊戲製作極其困難的一項因素。從街機遊戲、PC遊戲、家用主機遊戲、手機遊戲、掌上型遊戲、掀蓋式手機網頁遊戲、智慧型手機遊戲……等，都是在短短數年內，遊戲的遊玩載體就以驚人的速度革新變化，導致每種類型的遊戲成像截然不同。

即使是同一款遊戲，在家用主機遊玩和在智慧型手機遊玩時，會因為有無使用遊戲控制器，而產生不同的操作方式；又因為畫面尺寸不同，必須輸出不同的遊戲畫面規格。因此在不同載體上，遊戲的最終成像截然不同，製作困難度也更高。

正因為外在環境條件的劇烈變化，**有時候遊戲續作甚至無法將前作成品做為製作參考**。放眼所有娛樂媒體，也只有遊戲的製作門檻如此之高了。

即使只追求八十分的趣味性，都難如登天

因此，遊戲製作團隊僅僅是製作出一款完整的遊戲，往往就已經筋疲力竭，根本無暇追求遊戲的趣味性。即使只是希望成品能在滿分一百分中達到八十分，製作難度仍然不容小覷。這就是為什麼需要一套方法可以反覆再現的原因，先穩定地取得八十分的成果。這樣才有餘裕追求最初始的目標：「使遊戲變得有趣」。

現有的遊戲設計教學法已經落後於現今的製作現場

至今並沒有一套公認的遊戲設計教學法

過去並不是沒有人嘗試製作遊戲設計的執行準則。但是該套準則**難以再現、也不容易執行，在現今的遊戲製作現場難以派上用場**。明明實務現場迫切需要一套執行準則，為何至今未能制訂出一套規範呢？

在解釋背後成因之前，先就可能接觸到遊戲設計Know-how的三種不同形式，依序簡要地說明實際狀況。

- **書籍**
- **演講、講座**
- **公司內部的教育訓練**

現有的教學書籍只是傳授知識

雖然數量稀少，但是每年日本的出版社還是會推出幾本遊戲設計方面的相關書籍。非遊戲產業從業人員的讀者在選購書籍時，通常會選擇有名的遊戲創作者所編寫的書籍。這些書籍讓讀者在吸收知識的同時，還可以當做偶像出版的粉絲書來閱讀。不過這些書籍收錄的Know-how能否在實務現場派上用場，又是另一回事了。

因為這些書籍探討的內容，全是建構在特定的環境才得以成功。不僅作者當時身處的環境、時代背景相較於今日已多有改變，**多數的內容也不是以能被再現的目的而撰寫**。筆者建議，可將這些書籍當做認識遊戲業界環境的輕鬆讀物，以免最後畫虎不成反類犬。

日本書市還有數本專為遊戲設計新手而撰寫的入門書籍。這類書籍的目標客群是初學者，通常內容會涵蓋簡要的遊戲業界和遊戲開發流程等。但書中對遊戲設計的說明，往往只停留在職業介紹而已。如果以運動來比喻，這些書籍僅能夠幫助讀者認識運動的規則。然而，知道規則與學習並執行運動時必要的知識，完全是兩回事。況且，入門書籍涉及的知識內容十分淺顯，也都淨是只要實際進入遊戲設計現場自然就會接觸到的事情。

另外還有一種類型的書籍則是專門為第一線遊戲設計人員所推出的專業書。這些書的水準參差不齊，內容多是遠離實務的理論。乍看之下有滿滿的豐富知識，但是讀完之後還是無法學到足以活用的遊戲設計技巧。不過這類書籍中，有幾部由筆者參與監製的**《遊戲設計「Level**

Up」—實務現場的遊戲製作技巧》、《遊戲設計聖經第二版—大幅提升遊戲趣味性的一百一十三個「透鏡」》（皆由O'Reilly Japan出版），筆者有相當自信，不忝自薦給各位讀者。

以比喻來說，過往這類主題的好書，雖然不能「授人以漁」，但多少也能「授人以魚」。這些書中提供了許多實用技巧，在製作特定類型的遊戲時可以參照應用。不過，本書更希望聚焦在如何「授人以漁」。讓讀者進行遊戲設計時，無論面對哪種情況，都能應用這一套準則Know-how產出品質穩定的成果。換句話說，這**本書希望藉由介紹遊戲設計的核心概念，幫助讀者學會遊戲設計的技巧**。

演講和講座傳授的技巧，難以再現

演講和講座通常是「針對某部成功作品的經驗分享」。相較於可以直接具體看見的程式技術和製

現有的遊戲設計教學法

書籍

×

演講、講座

×

公司內部教育訓練

圖軟體操作法，要將抽象的遊戲設計方法轉化成通用技巧是十分困難的事情。最後往往容易流於「某部作品的實際案例分享」。

誠然，聆聽專家第一手分享成功經驗，不僅能感受到遊戲製作現場的氛圍，還可以提升學習動力。所以透過這種場合，多半還是側重在技術和知識以外的經驗分享為主。

有些日本的專門學校和大學也會開設遊戲設計的教學課程。但是從授課師資中不免會發現，有的講師早已退出第一線遊戲開發現場，有的講師甚至完全沒有遊戲設計的經驗。再加上遊戲產業瞬息萬變，既有的Know-how一下子就會過時。如果想要學習最新遊戲型態、而且能夠一再重現的技法，最佳的方法固然是**從第一線活躍的創作者所彙整出的遊戲設計理論知識中學習**。可惜只有在特定情況下，才可能有接觸到這類知識的機會。

公司內部的教育訓練只會教操作方法

只要參與過遊戲開發，或多或少能從實做中學到遊戲設計的技巧。遺憾的是，**在執行遊戲設計過程中能學到的事物，大部分都不是遊戲設計**。「即使做了遊戲設計的工作，還是學不到遊戲設計的技巧」，應該令很多人感到困惑不解，但這句話反映出血淋淋的現實。

隨著搭載遊戲的裝置性能愈來愈強大，遊戲的規模也不斷擴張。而遊戲的規模愈龐大，開發製作的複雜度也會跟著等比例增加。因此，近年來遊戲開發的組織分工愈來愈細緻，連同遊戲設計的工作也依照內容拆分成不同的部門。即使能投入第一線工作，員工的主要任務也僅是學會所屬部門需要的技術與知識。細部分工後的具體工作內容有：「調整敵對角色強度或活動事件難易度的參數」、「將腳本的文本撰寫成遊戲用的腳本指令（編按：一種規則單純的程式語言）」、「繪製簡易地圖給3D背景模型設計師參考」等各種專業分工。

這些工作內容固然都是遊戲設計的一環，但也僅是一小部分的工作環節。**這個過程中能夠學習到的不過是操作技巧罷了。然而，學會專門類別的操作技巧並不表示懂得如何遊戲設計。**而且，經過細緻的業務分工之後，每個部門負責執行的內容規模跟著縮小，使用到的技術也十分有限。即使是沒什麼經驗的遊戲設計新人也能夠成為即戰力，立即參與到實務工作中。在遊戲開發的第一線工作確實能夠累積寶貴的經驗，但是如果只能負責一小部分的工作，還是很難接觸到遊戲設計的核心概念。

透過第一線創作者打造的「準則」來學習

現階段並沒有任何一種學習型態，能夠百分之百學到實務現場的遊戲設計Know-how。有志於學習的人面對這個現況通常只能一籌莫展。所以筆者才會認為有必要打破現有的框架，希望發展出全新的遊戲設計教學法。

這本書便是成果的總和。筆者志在整合遊戲設計Know-how成為一套準則，幫助創作者認識遊戲設計的核心概念，並且將其中可再現性的特質融會貫通。

POINT

1 製作遊戲的門檻極高。

2 遊戲產業瞬息萬變，加倍提高製作遊戲的困難度。

3 大部分的遊戲為了拿到八十分就已經筋疲力盡。

4 市面上沒有一套公認的遊戲設計教學法。

5 即使擔任遊戲設計師，也學不到遊戲設計。

CHAPTER 2

遊戲設計師「真正的工作」

遊戲設計師的工作
並不是構思有趣的遊戲

”遊戲設計師的任務
是賦予遊戲趣味性“

遊戲設計師的任務是賦予遊戲趣味性

讓遊戲變得有趣是遊戲設計師的職責

在有關遊戲開發的各種工作中，其中有一項職務就是遊戲設計師。遊戲設計師的工作，簡單來說，就是「負責遊戲設計，將遊戲變得有趣」。不同的公司或遊戲專案，負責遊戲設計的人其職稱皆不相同，本書將統一稱為遊戲設計師。

在進一步了解遊戲設計師的真正工作內容之前，各位讀者有必要先對何謂遊戲設計有正確的認識。

遊戲設計可以賦予遊戲趣味性

遊戲設計的工作**不是「構思有趣的遊戲」，而是「使遊戲變得有趣」**。不少人會混淆遊戲設計與遊戲企畫，事實上兩者是完全不同的工作。

遊戲企畫是構思出有趣的遊戲。遊戲設計的工作則是經過各種實務操作，架構出有趣的遊戲。所以，遊戲設計的工作內容不包含推出耳目一新的遊戲企畫，或是創造出全新的遊戲系統。在打造遊戲的過程中，不免會遇到需要全新的點子來架構遊戲的情況。可是光是靠不斷地發想創意的內容，並不能製作出有趣的遊戲。

遊戲設計並非只是撰寫企畫書、規格書

提到遊戲設計，可能有不少人對這份工作的想像就是撰寫企畫書、規格書等書面資料。遊戲設計師的工作當然也包含這些書面工作，可是這部分並非遊戲設計師的工作核心。

舉例來說，平面設計師（Graphic Designer）的工作需要使用「Maya」、「Adobe Photoshop」等設計軟體。但是這些軟體就只是工具，會使用工具不代表就能夠畫出漂亮的圖畫。同樣道理，撰寫企畫書、規格書只是最表層的技能。有能力撰寫這些書面資料，並不代表有能力創作出有趣的遊戲。

遊戲設計的關鍵是能夠賦予遊戲趣味性的具體規劃能力及執行能力。而文書資料只是執行過程中產生的附屬工作。撰寫企畫書只算是表層的工作，與真正的遊戲設計不能混為一談。遊撰寫企畫書、規格書等各種方法，都僅是做為遊戲設計中的使用工具，真正的工作核心是引導遊戲邁向有趣的方向。

所以本書教授的重點不在於工具的使用方法，**而是要教會大家賦予遊戲趣味性的具體方法**。

遊戲設計師不負責企劃有趣的遊戲

遊戲企畫並非遊戲設計的工作一環

在正式進入遊戲設計的具體方法之前，還需要釐清一個一般人容易混淆的觀念。那就是，**遊戲設計的工作範疇並不包含遊戲企畫**。所以本書不會介紹「如何企劃一款遊戲」。非遊戲產業人士、入門新手很容易對此產生誤解，因此有必要加以說明。

遊戲企畫是進行遊戲設計之前的步驟

遊戲企畫通常是在遊戲專案開啟之前進行。大部分的情況下，製作遊戲專案初始企畫書的人，通常是製作人或遊戲總監、外部的遊戲發行商或客戶、遊戲公司內的社長或高層。幾乎不會有人要求遊戲設計師：「你寫一份企畫書來看看」、「這真是個好企畫，把它做成專案吧」。尤其是愈大型的遊戲公司、或者愈龐大的遊戲專案，遊戲設計師接到這種要求的可能性更是趨近於零。

所以成為遊戲設計師，不代表某天有機會可以用自己的遊戲企畫開發遊戲專案。遊戲企畫是屬於遊戲專案前期的步驟，也不是常態性工作。而**遊戲設計師在製作遊戲的過程中，每天的工作內容只會與遊戲設計相關**。

遊戲設計不需要撰寫遊戲企畫書

雖是這麼說，但在人才招募活動上的遊戲設計師或是遊戲企畫等工作，徵人條件還是時常會出現「撰寫遊戲企畫書」。從筆者的角度來看，這應該是指要有能力將自己沒經手過的遊戲，撰寫成遊戲策劃階段的企畫書。大部分的情況下，遊戲設計教學書以及學校課程中常出現的「如何撰寫企畫書」，所指的企畫書都是這個意思。

筆者認為，這也是為什麼多數人會將遊戲設計與遊戲企畫混為一談的主要原因。在遊戲製作現場，**遊戲設計根本不需要為了遊戲企畫撰寫企畫書**。若想成為遊戲設計師，不需要急著培養這方面的能力。

遊戲企畫書以外的內容才是重點

然而現實是，如果遊戲公司在徵才時不拿掉這項條件要求，有志應徵遊戲設計師的人還是得要會寫企畫書。在這種情況下請了解到，重點並不在於提出多麼創新的點子、或是發想出多麼創新的企畫內容。而是務必記得預留時間，好好整理文章內容與段落，**讓整份企畫書看起來結構嚴謹且完整**。

因為遊戲公司的評分重點，並不是你在企畫書裡構想的遊戲多麼有吸引力。說得嚴苛一點，這點無論你是多麼努力才想出來，在靠遊戲企畫維生的專家眼中，所有的企畫書看起來很可能都是大同小異。真正能夠使你從眾人之中脫穎而出的，反而是文書處理能力。考官可以從企畫書的完整度，判斷出撰寫者的文書製作能力，並且以此做為用人依據。

舉例來說，考官可以從中判斷撰寫者是否具備足夠的「國語能力」，能使用適當的文字說明；是否有妥善利用分頁、分段的「組織能力」，使文字看起來精簡易懂；是否有充沛的「知識量」，能夠針對遊戲以及市場提供深入且精準的描述。這些都是實際執行遊戲設計時必須具備的能力，所以與其關注最終無法實現的遊戲企畫書內容，不如好好表現這方面遊戲公司更為看重的能力。

但同時也要提醒各位，企畫書做得再好，也只是放上好看的圖片、做出美觀的版面，並無法證明你有成為遊戲設計師的潛力。

建立有趣的素材與規則，遊戲自然會變得有趣

遊戲設計有正確的執行順序

遊戲設計是賦予遊戲趣味性的工作。**要讓遊戲變得有趣，有一套具體的執行流程**。這絕對不是憑感覺就可以辦到的事，遊戲也不會某一天突然就自己變得有趣。要讓遊戲變得有趣並且具吸引力，必須按照正確的遊戲設計步驟執行。這當中的每一道步驟都有各自對應的功能，請務必先有此正確的認知。

遊戲是由素材與規則堆積而成

接著，也必須**對遊戲的製作原理具備基礎知識**。為了讓沒有實際接觸過遊戲製作的讀者也能容易了解，以下將以家用主機遊戲類的電子遊戲進行說明。

所謂的遊戲是，使用遊戲程式語言，將PC（個人電腦）製作的圖像、音樂等個別素材整合起來，做為玩家看到的遊戲畫面。使這些素材能夠依照程式設定的規則而形成連續動作型

態，玩家便可依照程式的設定使用控制器來操控遊戲，同時遊戲也會依照程式設定對玩家的操作產生相對的反應。

例如：「當玩家按住方向鍵的右鍵時，角色就會向前、以某個速度前進，這個動作進行的同時，角色的腳邊要出現某一種移動特效」。遊戲的形成過程就像這個例子，用程式驅動數量龐大且詳細的文字規則。

遊戲由素材與規則堆積而成。無論是使用哪一種平台、規劃成哪一種類型的遊戲，基本上都脫離不了這個基本架構。事實上，所有非電子類的遊戲也是同樣的概念。卡牌、代幣就像是現實世界具體存在的素材（Component），只是不需要透過程式驅動，而是由玩家在遊戲規則下自主挪動素材。

定義素材與規則

遊戲設計師的工作，就是定義一款遊戲需要哪些素材、以及需要依照什麼規則產生什麼樣的動作。製作遊戲的時候如果沒有先決定需要哪些素材，就無法展開後續的作業；如果沒有決定素材應該按照什麼規則動作產生某種效果，素材也就只是素材而已。而這些素材與規則正是仰賴遊戲設計師的定義，遊戲製作才能有所依據逐步前進。

遊戲設計師為了將定義的事項傳達給遊戲製作團隊人員，需要使用許多工具與具備多項技能。例如：懂得撰寫企畫書與規格書、在會議上發表好的創意點子、以及親自製作素材……等。

使每項素材和規則變有趣

一款遊戲是由無數的素材與規則堆積而成，但必須經由遊戲設計師的定義後，遊戲才能逐漸充實整備成形。然而，這個過程在實務作業中很像是在架構遊戲的骨肉，這當中並不見得會含有趣味的成分。若要使遊戲成品最終能充滿娛樂性又有吸引性，就必須有意識地在這個過程中為素材與規則賦予趣味性。

換句話說，**遊戲設計就是刻意反覆為素材與規則增添趣味性，進而使遊戲變得有趣**。了解這個原理之後，就能具體地定義要將「什麼素材」、使用「什麼手法」制定規則，進而打造有趣的遊戲。

程式驅動規則，使素材產生動作

POINT

1 遊戲設計的工作就是賦予遊戲趣味性。

2 「構思有趣的遊戲」和「賦予遊戲趣味性」是兩件不同的事情。

3 遊戲設計師不負責遊戲企畫。

4 遊戲是用素材與規則堆積而成。

5 遊戲設計師需要定義遊戲的素材與規則。

6 建立有趣的素材與規則，遊戲自然會變得有趣。

帶領遊戲製作團隊，一起製作有趣的遊戲

"製作遊戲與賦予遊戲趣味性，看待遊戲的角度截然不同"

遊戲設計有固定的作業程序

遊戲設計程序：「委託」、「實裝」、「調整」

這個章節要介紹給大家，遊戲設計師如何判斷需要「哪些素材」，並且評估如何整合素材完成一款遊戲。製作遊戲時，素材是不可或缺的要素，但是遊戲素材不會憑空出現。首先，需要遊戲設計師出面，主導素材的製作方向並提供具體需求。

所以遊戲設計師的工作會需要進行以下三項工序：

- 委託
- 實裝
- 調整

這三項工序是執行遊戲設計時的固定配套，而且執行的順序必須是「委託」→「實裝」→「調整」。以下是各項工序內容的簡單介紹。

遊戲設計的固定作業循環

委託 → 實裝 → 調整

用「委託」傳達想要達成的事項

「委託」就是**仔細地定義需要製作何種素材後，請託對應的部門製作。**開發遊戲的過程中，負責製作素材的部門主要是程式設計師、平面設計師等各領域的專家。遊戲設計師幾乎都不會自己親自製作素材，絕大多數的情況下都是委託遊戲製作團隊的成員協助。

遊戲設計師的委託內容非常多元，例如：「敵人的外觀與攻擊方法」、「遊戲設定要放入哪些功能」、「開頭畫面播放的樂曲」等，委託的範圍涵蓋了整款遊戲的各個面向。「反正請給我一些看起來很厲害、很酷的東西」，像這種委託主旨內容曖昧不明的描述，後續很容易引發爭議，千萬不要以為這種說法行得通。

妄想自己和團隊有心電感應、或是能夠心有靈犀一點通，都是不切實際的，請確確實實說明清楚需要的素材委託給合適的負責人，並且以對方能夠理解的方式審酌內容提出委託。

素材經過「實裝」才算完成

「實裝」是**將前一個委託步驟製作出的素材，逐一安裝到遊戲的程序**。

前面曾提及，遊戲設計師幾乎不會親自製作素材，所以大部分的情況下都是交由其他人製作，並且等待其他人將素材製作完成。然而在等待的過程中，遊戲設計師並非什麼事情都不需要做。製作好交回來的遊戲素材必須要能夠安裝到遊戲上，才算是完成。

有時候在繪圖軟體上看起來很不錯、跑得很順暢的素材，實際安裝到遊戲之後，才發現在PC看起來的氛圍截然不同，有時甚至無法正確顯示。所以製作素材時，不僅在實裝過程中需要做測試，這時也請務必安裝到遊戲上來進行測試。而且在實裝過程中，遊戲設計師仍必須時常確認，素材效果是否符合委託需求。如果發現素材成品與委託需求有落差，也需要主動提出相異之處，並提供修改意見和建議做法。

素材經過「調整」後才算大功告成

「調整」就是**為安裝好的素材做最後的修飾與微調**。遊戲設計師的工作需要確保每個素材都被正確地完成。在前面的實裝過程中，隨著素材一個一個安裝到位後，遊戲才會逐漸成形。不過，當素材完整拼在一起之後，也才會看得出在實裝階段還無法顯現出來的問題。這時候就需要遊戲設計師從全面俯瞰的角度檢視整體的遊戲，並且調整每個素材之間的平衡。

與實裝的程序一樣，實際調整素材的作業人員主要還是交由各領域的專家負責。所以遊戲設計師只要向負責的人員傳達調整的委託即可。

以上就是這三項工序的簡單介紹。如同前面所述，遊戲設計師的工作，基本上就是委託遊戲製作團隊工作。遊戲設計師的任務就是思考遊戲在構成上必須有的素材與規則，並且不斷地委託相關部門「做事」，進而推動遊戲製作團隊前進，直到最終完成一款遊戲。這個過程中必定會經歷的作業程序就是「委託」、「實裝」、「調整」。

作業程序之外，遊戲設計也無處不在

有時候遊戲設計師也得自己製作素材

遊戲設計師的工作，基本上就是委託遊戲團隊製作必要的東西，推動遊戲開發順利前進。

不過有時候，甚至**也需要遊戲設計師親自投入素材的製作**。這裡指的不是企畫書或規格書等文書工作。在某些特殊的狀況下，遊戲設計師也必須自己製作遊戲裡使用的素材。

例如：「使用腳本指令撰寫活動事件」、「設置定義角色、戰鬥參數的主數據」、「製作數據地圖，查看地圖上放置的各種數據資料」。

以下簡單介紹由遊戲設計師親自製作素材時的一些建議。

遊戲設計師出手會更有效率

實際作業若需要遊戲設計師親自執行，**是基於由遊戲設計師來做的話效率和品質都會更好的理由**。

但程式設計師、平面設計師負責的工作都需要專業技術，並不是遊戲設計師想自己做就能夠做得來。所以在大部分的情況下，如果需要遊戲設計師親自執行，也會提供適合遊戲設計師工作的環境，另外分割出可接手的工作環節。

舉例來說，即使遊戲設計師不懂得程式語言，也能寫出腳本指令。因為腳本指令是一種規則單純的程式語言，是遊戲設計師也能勝任的部分。為了讓遊戲設計師參與這環節的工作，有些遊戲專案和遊戲公司甚至還開發了專門工具。

遊戲設計師對自己提出「委託」

當遊戲設計師需要親自負責製作素材時，也能夠與構思「需要製作什麼素材」的思維模式連通起來。製作素材的工作原先應該由遊戲製作團隊負責，如果換成遊戲設計師自己也參與其中，也可以直接套用「委託」、「實裝」、「調整」的作業程序。也就是說，變成是**遊戲設計師對自己提出委託**。

即使是由自己親自製作素材，只要牢記這三項作業程序，並且按照和遊戲製作團隊合作時的方式執行，就不會迷惘何時該做什麼事情。

要製作有趣的遊戲，就需要遊戲設計師

沒有遊戲設計師，想製作有趣的遊戲難如登天

遊戲設計師的工作是委託製作團隊生產素材，聚沙成塔地堆積出遊戲的完整樣貌。但因為遊戲設計師幾乎不會親自製作素材，這可能會被質疑：「真的嗎？製作遊戲真的需要遊戲設計

師？」、「為何是由遊戲設計師決定製作素材？」、「讓製作素材的程式設計師和平面設計師在作業時視情況判斷更有效率吧！」

事實上，部分遊戲專案的確也因為基於這樣的想法，而不配置遊戲設計師；甚至有些遊戲公司根本就沒有設置這個職位。筆者無意否定這種做法，然而無庸置疑地，如果沒有遊戲設計師，**隨著開發製作的遊戲規模愈龐大，為遊戲增添趣味性的難度勢必大幅地提升**。箇中原因如下。

遊戲設計師的工作只需要考慮如何製作具吸引力的遊戲

程式設計師與平面設計師等遊戲製作團隊的成員，在工作時主要是從他們各自專門的觀點思考合適的素材如何製作。相較於思考爲增添遊戲趣味「應該製作什麼素材」，他們在工作時更需要優先考慮「技術上能否達成要求」、「這套做法是否能夠實現」、「安全性如何」、「這麼做的CP值如何」。可見得，**製作素材和賦予遊戲趣味性，完全是兩個不同的切入角度**。

對各個領域的專家來說，他們的第一要務就是在他們各自的領域內依照委託製作素材，在準備周全的狀態下盡力完成。當然，這也是遊戲設計師在委託時所抱持的期待。不過，只是一味講求精準地發揮專業技術，不代表就能做出有趣的遊戲。有的時候不正經一點，遊戲反而會更具有魅力。但專業人員往往受制於「要正確地完成作業」的思維，要歧出思維之外彈性下判斷並不容易。

如果專業人員腦海裡能夠同時具有這二種不同的觀點切換調控，當然是再好不過。可是並非遊戲製作團隊的每個人都能夠具備這項能力。這就是為什麼需要遊戲設計師，因為他們能從不同於素材製作人員的角度，**客觀地觀察遊戲的趣味性**。

遊戲是由眾多素材堆積而成

遊戲使用的素材數量與遊戲規模成正比的關係。每一款遊戲需要的素材數量都不盡相同，一般說來至少是需要數千個素材。如果是大型的營運型遊戲，需要的素材數量還不僅與遊戲規模有關，還會受到預計營運期間影響，這種情況下就算遊戲素材達到數萬件也不是稀奇的事。因此，遊戲製作團隊人員動輒數十人至數百人，才有辦法在集合眾人之力之下分工合作推出一款遊戲。

從客觀角度正確判斷出遊戲的需求

即使在製作遊戲的過程中，已經將數量龐大的要素和環節都處理得有趣又吸引人，這其實還是有很大的不足。

在賦予素材趣味性的同時，應該還要有共同的具體執行方向。如果沒有共同方向，導致每一種素材的趣味類型與種類各異其趣，彼此素材間的反而會相互排斥而無法融合。

此外，製作素材者在判斷素材優劣時，很容易受到自身的遊戲偏好、能力、對素材的考量等主觀因素影響。因為每位作業人員在做為遊戲裡的玩家時各自的表現、偏好、能力都不同，如果要求他們依據個人喜好來評估取捨素材適當與否，那麼整款遊戲恐怕會淪為四不像。

正因為遊戲設計師幾乎不直接參與素材製作的作業，所以能夠客觀地審視素材是否吻合遊戲的走向。如此一來，即使一款遊戲內的素材數量龐大，也不用擔心遊戲最終發生偏離主題無法整合的狀況。遊戲設計師的任務是從客觀角度進行觀察，確保作業過程中不同作業成員**製作的各式各樣素材都沒有偏離遊戲方向**。

如果是規模較小的遊戲，或許遊戲總監一個人就能緊盯每個環節確保無誤。可是當遊戲規模大到超過某個程度之後，這種做法絕對行不通。此時，遊戲設計師的存在十分關鍵，他能夠確保所有遊戲環節都往正確的方向邁進。

POINT

1 遊戲設計的固定作業程序：「委託」、「實裝」、「調整」

2 遊戲設計師的工作是提出委託，請託團隊成員製作素材。

3 有時候遊戲設計師必須親自製作素材。

4 有些遊戲專案沒有設置遊戲設計師。

5 遊戲規模愈龐大，遊戲設計師的存在愈重要。

6 遊戲設計師的職責是，無論如何都優先思考如何製作有吸引力的遊戲。

「連貫性」創造「加倍的」趣味性

”只要能理解遊戲設計的本質，
每一種遊戲
都能夠變得有趣“

「委託」、「實裝」、「調整」使遊戲更加有趣

決定遊戲趣味性的三大關鍵

如同前文〈遊戲設計有固定的作業程序〉（p55）所介紹，遊戲設計師的主要作業是「委託」、「實裝」、「調整」。這三項作業程序正是設計出有趣遊戲的關鍵。**實際上玩家在遊戲中覺得好玩的場景，幾乎都是取決於「委託」、「實裝」、「調整」之中任一個項目。**

玩家會覺得遊戲好玩，絕對不是因為一件幽默的事件突然發生或者莫名從天而降。也不會是進入製作後期，因為內容愈來愈豐富完整，遊戲就自己逐漸變得有趣。想要遊戲變得有趣，遊戲設計師就必須在製作遊戲的過程中，有計劃性地製造「趣味」。而所謂的遊戲趣味性，是遊戲設計師在「委託」、「實裝」、「調整」三項工序中，精心安排的結果。

以下將簡單介紹為何這三項作業程序能讓遊戲變得有趣。

左右遊戲趣味性的3大項目

委託 → 實裝 → 調整

- 委託：決定趣味性的執行方向
- 實裝：使遊戲愈來愈充實有趣
- 調整：定調遊戲的趣味性

「委託」決定了遊戲趣味性的「執行方向」

遊戲設計師提供的「委託」，將決定遊戲趣味性的「執行方向」。委託時需要定義遊戲製作成員必須提供的成品模樣。也就是說，透過委託將決定遊戲製作最後應該達到的目標。委託時固然已經能夠指出遊戲製作的作業終點，但製作的工作才剛開始，代表製作的起始點。

事實上，遊戲成品最終的趣味類型、趣味性極限，在遊戲設計師給予委託的同時已經大致底定。當然有時候也會發生最終成品比委託時預期的成果更完美的情形，雖然這種情況極其少見。

如果以做菜來比喻，發出委託就像在「決定菜單」，遊戲設計師必須先決定要烹調哪些菜色，才能夠著手烹煮料理。

「實裝」程序讓遊戲愈來愈充實

「實裝」是經由寫入遊戲的內容和互動，讓「遊戲逐漸變得有趣」的程序。**不過，無論遊戲設計師的委託內容多麼完美，如果最終**

無法落實，那麼一切也只是空談。為了避免發生這個狀況，就必須透過實裝這個程序，讓遊戲能逐步地趨近於委託預期的有趣結果。

同樣以做菜來比喻，「實裝」就是在「烹調料理」。事前必須將料理需要的食材準備好，並且依照菜色內容將食材組合搭配在一起，再運用各種廚房工具煎、炒、煮、炸，最終將食材烹煮成一道料理。

「調整」是為遊戲的趣味性「定調」

「調整」是將前面程序完成的成品「定調」至最終成果的程序。遊戲經過細緻的調整後，玩家遊玩時的手感、以及感受到的遊戲氛圍都會截然不同。也就是說，**這項程序將決定一款遊戲的「最終完成度」**。

再以做菜來比喻，這道程序就像是為料理做最後的調味，並且將料理精心擺盤後提供給顧客。要判斷一道料理是否成功，與食材的新鮮度、調理方法等廚房內發生的過程無關，而是純粹取決於料理送入顧客口中後帶給顧客的感受。

遊戲製作也是如此。玩家在判斷一款遊戲是否有趣，取決於製作團隊最終如何調整遊戲細節，並且是否真正落實原本想要提供給玩家的有趣體驗。

「委託」、「實裝」、「調整」雖然是遊戲製作過程中三項極為不同的作業程序，但彼此的關係密不可分。遊戲設計師在開發遊戲的各個場景時，便是通過反覆執行這三項作業程序，逐步完善遊戲內容，並且創造遊戲的趣味性。

遊戲設計師負責掌控三道程序的品質

維持「委託」、「實裝」、「調整」的連貫性

在遊戲製作團隊之中，只有遊戲設計師能夠全程參與「委託」、「實裝」、「調整」的每一道程序。所以，一款遊戲是否有吸引力，也是取決於遊戲設計師如何掌控這三道程序。執行這三項緊密相關的程序時，最核心的關鍵就是「連貫性」。藉由**確保各項程序間的連貫性，趣味性的基底就能打造穩固**。

各項工序之間的連貫性為何，以及能夠發揮什麼效用，簡要說明如下。

保持「委託」與「實裝」的連貫性，順暢地連接每個素材片段

首先，是「委託」與「實裝」之間的連貫性問題。在實務現場時常因為「這麼做會更吸引人」、「那樣做工作會更輕鬆」等分歧的意見，導致素材無法依照最初委託的方式進行安裝。從雙方各自的觀點來看，都會認為自己的想法才是最正解。但是這種偏離委託需求的做法，將導致不符合原定目標的素材數量愈來愈多，後續在連接各素材片段時，未能如預期進展的問題都會逐漸浮現。例如發現每個片段之間不協調，甚至產生無法相容的結果。

為了避免出現這些潛在的問題，一開始實裝的時候不僅要考慮到趣味性，同時請務必要意識到**按照委託實裝的重要性**。

保持「委託」與「調整」的連貫性，去除人為影響

接著，是「委託」與「調整」之間的連貫性問題。調整的收尾工序，與實裝階段並沒有不同。關鍵在於調整方式不應該按照作業人員的方便與否，而是要**依照委託需求採取適宜的調整**。

調整的工序最容易反應出作業人員的個人遊戲偏好及技術高低。因為調整作業通常是反覆地進行，所以作業人員以玩家身分進行測試時，技術經常不自覺地愈來愈熟練。這樣的情形，

通常會使作業人員一不小心就依照自己的等級來調整遊戲難度，甚至因為過度熟悉遊戲內容，忘記同理第一次遊玩的玩家狀態，而忽略加入「教學」和「提示訊息」等必要的說明。

為了盡量排除這個階段的人為影響，更應該確保「委託」與「調整」之間的作業連貫性。

保持「實裝」與「調整」的連貫性，減少重工

最後則是「實裝」與「調整」之間的連貫性問題。賦予遊戲趣味性時，必須在**實裝時就能預先考慮到最終的調整**。

與其完成實裝之後才耗費時間辛苦地調整，更建議一開始進行實裝時，就要一併考慮到後續可能的調整狀況再作業。如果沒有這麼做，遊戲設計師很容易在調整階段才發現某個地方必須改變參數。可是，到這個階段才向程式設計師反應，得到的回覆通常會是：「你要做的調整需要更改程式設計，但這階段已經無法改了，所以辦不到」。即使最後強勢做了調整，反而又要回頭變更先前已經完成實裝的項目。

世界上沒有一款遊戲能夠完全不重工、或是完全不需回頭修正問題。但是，如果在實裝之前的階段就能掌握「未來基於某個目的，可能需要在某個位置做調整」，就能盡量避免不必要的修補。事前能預先考慮的範圍愈全面，事後需要回頭修正的次數才能減到最少。

連貫性創造加倍的趣味性

遊戲是結合許多人的心血合力產出的成果。因為參與的人數眾多，遊戲設計師不可能全程緊盯每一個細節。所以，在遊戲開發的過程中，勢必還得倚賴各部門成員，依照各自的作業分工一步一步推進工作。即使如此，遊戲設計師還是應該預先思考，後續將每個作業的點與點連接成線時可能會遇到的問題，工作才能更有效率。

只要在「委託」、「實裝」、「調整」三項工序之間都能保持作業的連貫性，遊戲設計師就能掌握全局，預測後續的狀況。同時，在這個流程中產生的每個素材片段才能夠承先啟後，甚至達到**加倍的娛樂效果**。

確實地將遊戲有趣的組合起來

套用準則，每款遊戲都能保持連貫性

遊戲設計師透過具有連貫性的「委託」、「實裝」、「調整」，逐步推動並完備整款遊戲，打造出有吸引力的遊戲。為了引導遊戲正確前往預定目標，遊戲設計師需要明確地向遊戲製作團隊指示前進方向。

根據遊戲種類的不同，遊戲製作過程中需要具體考慮的事項也隨之不同。不過**無論是哪一種類型的遊戲，遊戲設計時的思考方式和推展遊戲製作的核心原則都是相通的**。可以將本書的Know-how套用在所有遊戲類型做為準則，幫助你養成連貫性的思考模式。

準則只是引導的工具

不過，準則也只是準則，只是一種幫助大家學習技能的工具。學會技能之後，能否在實戰中運用發揮，關鍵還是操縱在自己身上。

本書介紹的準則就像是一個引導工具，幫助大家了解**應該採取什麼樣的思考模式，才能更容易推導出有趣的結論**。以登山來比喻，雖然實際去爬山的是自己，登山前你也可以選擇什麼準備都不做就去爬山；或是先仔細查閱登山的推薦路線、了解爬山的注意事項等各項功課。

當然，建議還是確實地學習準則並正確理解，再踏實前進。

POINT

1 「委託」、「實裝」、「調整」讓遊戲更加有趣。
2 「委託」決定遊戲趣味性的「執行方向」。
3 「實裝」讓遊戲愈來愈充實有趣。
4 「實裝」讓遊戲愈來愈充實有趣。
5 具有「連貫性」的「委託」、「實裝」、「調整」，可放大趣味效果。
6 套用準則，就能維持定義的連貫性。

CHAPTER 3

賦予遊戲趣味性的遊戲設計力

絕對能讓遊戲變有趣的五個步驟

“只要做到這五個步驟，
每個人都能製作出
有趣的遊戲”

讓遊戲變得有趣的五步驟：「設定目標」、「發想創意點子」、「委託」、「實裝」、「調整」

打造有趣遊戲的關鍵五步驟

前面章節已說明過，遊戲設計師透過「委託」、「實裝」、「調整」三項程序向遊戲製作團隊提出需求。接下來要進一步告訴大家，遊戲設計師究竟該採取什麼樣的「思考模式」，才能賦予遊戲趣味性。

想要打造出充滿趣味性的遊戲，共有下列五個關鍵步驟：

1. 設定目標
2. 發想創意點子
3. 委託
4. 實裝
5. 調整

打造有趣遊戲的5個關鍵步驟

STEP 1 設定目標 → STEP 2 發想創意點子 → STEP 3 委託 → STEP 4 實裝 → STEP 5 調整

說明如下。

STEP 1 設定目標

這是五個步驟中最重要的步驟。無論是啟動專案或是開始做任何一件事之前，首先都必須決定好最終目標。

遊戲專案中所謂的目標，就是指「想要實現的成果」。在遊戲中放入的任何一項要素，必定都是源自於一個明確目的。這些目的有可能是「因為遊戲需要」，有可能是「因為這麼安排更有趣」。

無論是出於什麼目的，實際上都要達成某種成果。所以事前請務必思考清楚，你的目標是什麼？想要達成什麼樣的成果？

STEP 2 發想創意點子

設定好明確的目標之後，接著就要進入發想創意的階段，即構思需要製作哪些素材。同時思考，要包含哪些要素才能實現第一個步驟所設定的目標。

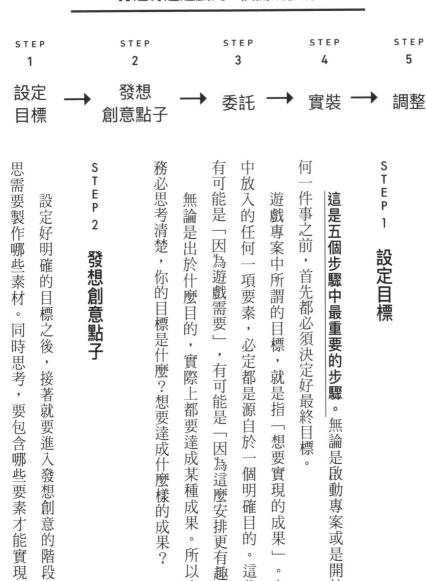

在找尋素材的靈感之前，務必先彙整出素材**所需的規範與先決條件**。構思創意點子時，抱持遠大的抱負、或是天馬行空地發揮想像力固然很重要。但同時也請牢記，不要變成不切實際的空想。

STEP 3 委託

設定好目標、並且找到創意點子之後，接著就能夠提出委託了。如同第二章說明的，委託就是請託遊戲開發成員完成指定的工作，畢竟這些委託事項不可能憑空出現。

委託的撰寫方式沒有制式的書面格式，但通常會配合遊戲類型、專案或是公司的需求，決定是使用規格書還是需求表。

STEP 4 實裝

依據目標找到創意點子，並且委託遊戲製作團隊製造素材後，就會進入實裝階段。這也是在第二章介紹過的步驟。在將眾多素材逐漸堆積組合出遊戲樣貌的過程中，遊戲設計師應該頻繁地與遊戲開發成員溝通交流，確保素材能夠順利流暢地安裝到位。

不過，**依照遊戲專案和遊戲內容的不同，實裝的執行程序也不盡相同**。在這個階段，遊戲設計師的主要任務是確認素材能否在遊戲機正確運作，並且透過資料彙整、或與遊戲開發成員會議討論來確認結果。

STEP 5 調整

當素材都安裝到位後，接著就要進入最終的修飾與微調。這個步驟的重點在於確保遊戲品質合格，並且能夠無虞地推到消費者面前。

如同第二章所述，**調整的涵蓋範圍是指整款遊戲**。這個階段的工作就是找出遊戲未能正常運行之處，並且進行除錯工作；或者為了進一步提升遊戲品質，調整影響遊戲趣味性的個別數據或參數。

這五個關鍵步驟，是遊戲設計的基礎思考流程。接著就是針對每個步驟，設法增添遊戲娛樂性。作業時請務必留意這五項關鍵步驟的執行順序與執行合理性。後面的小節會仔細說明如何在每個步驟增添遊戲趣味性。

POINT

1 「設定目標」：定義想要實現的成果。

2 「發想創意點子」：配合目標需求，找尋素材創意。

3 「委託」：委託遊戲開發成員製作素材。

4 「實裝」：能與遊戲開發成員密切溝通。

5 「調整」：最終修飾與微調。

一切都是從「設定目標」開始

"事前預設目標，遊戲設計便能順利地邁向成功"

遊戲設計最重要的就是找出想要實現的目標

設定目標是遊戲設計最重要的步驟

遊戲設計的過程中，最關鍵的步驟是設定目標。遊戲設計所謂的目標，就是要在遊戲放入某項元素之前，必須確定透過這項元素想要**達成的目的和成果**。換句話說，製作素材之前，得先確知這個素材是為了實現「什麼目的」。

即使是活躍在第一線的專家，也很少有機會接觸到遊戲目標的設定、或是了解設定遊戲目標的重要性，所以這個步驟經常被忽略。然而一款遊戲在進行遊戲設計時，事前有無設定好遊戲目標，卻會讓遊戲的娛樂性有著天壤之別。

以下說明為什麼設定目標如此重要。

沒有「目的」的創意點子毫無價值

大部分的遊戲設計師在執行遊戲設計工作時，經常是從絞盡腦汁找尋靈感開始。打造有趣的遊戲固然需要靈感，可是如果沒有「想要實現的目的」，僅是隨意發想出來的點子，通常毫無價值可言。

在遊戲設計中，儘管也需要靈感或創意來達成目的。**然而這些靈感創意，必須對目的有所貢獻，才有意義可言**。

以登山為例，設定的目標就好比是「爬山的目的」，素材的創作點子就是「該爬哪一座山」。是打算和家人去踏青呢？還是要和熟練的登山好友一起攻克一座山？隨著登山目的不同，選擇的登山類型也就不同。沒有目的就隨意丟出創意點子，就好像沒有目的就直接選定挑戰某座山，還二話不說就開始爬山。

在動身爬山之前，比起考慮爬哪座山，更應該先找出「爬山的目的」。遊戲設計也是如此。所以在構思創意點子之前，必須先找出自己「想要實現的目的」。

沒有考慮目的就貿然創作容易失敗

沒有預先設定好目標、又憑著隨意發想的點子完成的遊戲設計，通常都以失敗收場。此外，當遊戲設計師過度堅持要放入某些創意點子，也很容易出現製作的素材不符合遊戲需求的情形。因為，實現創意，不代表就能實現目標。**遊戲設計應從制訂目標開始**。所以，進行遊戲設計時，請務必按照前面章節的說明步驟，依照順序確實執行。

遊戲設計師參與的每個要素，都需要先設定目標。也就是說，大至影響整款遊戲的遊戲系統，小至每一款敵人的角色設計、遊戲角色的所有技能，甚至是遊戲活動設計等組成遊戲的細節要素，都必須設定目標。

請務必先決定好目標，再以實現目標為前提構思遊戲設計。想要發想出與遊戲目標緊密相關的創意點子，這個步驟可說是至關重要。

分解遊戲構造，依序決定目標

必須取捨時，預設的終極目標是判斷關鍵

遊戲設計師應該先針對整款遊戲設定終極目標，再決定實務作業中各項細節要素的目標。設定終極目標，其實就是要決定遊戲製作團隊要選擇哪一條路線走向最終目的地。

遊戲終極目標不僅代表著遊戲要實現的目的，同時，**當遊戲開發過程遭遇任何問題而必須取捨時，終極目標也是遊戲設計師最重要的判斷依據**。遊戲設計師的工作就是透過遊戲設計引

導遊戲走向，直到實現遊戲的終極目標。

不過具體來說，要如何找到遊戲的目標？找尋的方法並沒有任何規則。無論透過什麼方式，只要是遊戲製作團隊做出決定並且達成共識的結果，就可以視為遊戲的目標。

遊戲的目標沒有標準答案

但請先有一個認知：遊戲目標沒有標準答案。遊戲目標是遊戲設計師在遊戲開發時預設的期望成果，至於**要打造何種成果完全取決於遊戲製作團隊**。

話雖如此，並不代表遊戲製作團隊能夠隨意想做什麼就做什麼。遊戲團隊必須考慮公司對遊戲專案的執行方針與客戶的偏好，充分理解後再做決定。

另外，看到「設定目標」一詞，或許有人會誤以為世界上真的有一個理想的終極目的地，而過程中要像解謎題一樣去探索出正確的解答。實際上並非如此。開發遊戲時，遊戲目標並不是已經存在於某處，而是要由自己訂定。這就好比一個人選擇要爬哪座山並沒有正確解答一樣。

正因為沒有標準答案，遊戲終極目標與遊戲內容的展開方式，會鮮明地反映出目標設定者的性格。

首先設定「高層次目標」

正因為遊戲目標沒有標準答案，所以遊戲製作團隊最初在討論時可以自由發揮，最後共同決定的執行目標就會是遊戲的終點目標。

至此，各位可能還是感到很混亂，到底要怎麼做才能制定合適的遊戲目標？為了幫助大家解惑，這個小節會詳細說明決定遊戲目標的具體做法。

其實只要按照「**High Level Goal**」進行思考即可。High Level Goal，直譯為高層次目標。這是歐美遊戲開發現場非常普遍的討論方式。尤其在大規模的遊戲開發現場，這個討論方式可說是支撐遊戲專案的重要關鍵。

如何用「高層次目標」制訂合適的目標，說明如下。

下一頁的圖表簡單羅列了一款遊戲所需的必要元素。可以看到左列從上層到下層是

「遊戲」→「遊戲系統」→「戰鬥系統」

也就是將遊戲元素層層拆解細分。在設定遊戲目標之前，需要先分析掌握**遊戲的階層與構造**。

首先，遊戲的終極目標必須位在遊戲階層的最上層。假設終極目標是要打造「**世界最恐怖**

遊戲的結構與構造

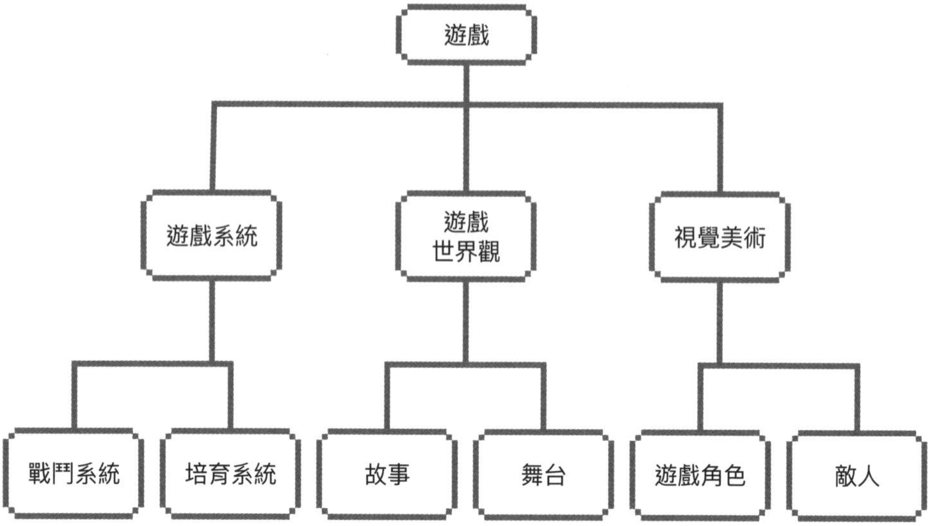

的遊戲」，那麼這個目標就應該放在圖表階層最高的位置。到這裡可還沒有結束。

為了確保高層次目標能夠貫徹整款遊戲，較低的階層也必須用同一個思維模式訂定目標。所謂的高層次目標，就是在遊戲的最高階層位置賦予目標，接著，將目標從上而下套用到各個分層，並且貫徹在每一個元素之中。

所以，原本的「**遊戲**」→「**遊戲系統**」→「**戰鬥系統**」階層，應該修改為

「**世界最恐怖的遊戲**」→「**世界最恐怖的遊戲系統**」→「**世界最恐怖的戰鬥系統**」。

建立從上到下一以貫之的目標，才能促使遊戲能夠正確地邁向終極目標。如範例所示，藉由設定高層次目標的方法，便能容易引導遊戲結構中的每一個要素朝向一致的目標進行。

簡化目標描述語言

設定目標只是一個開始。這時候還有另一個非常重要的步驟。那就是，將目標的描述改寫成更簡潔的說法。也就是說，**遊戲目標必須用精準扼要的文字呈現**。在遊戲開發的過程中，遊

設定高層次目標

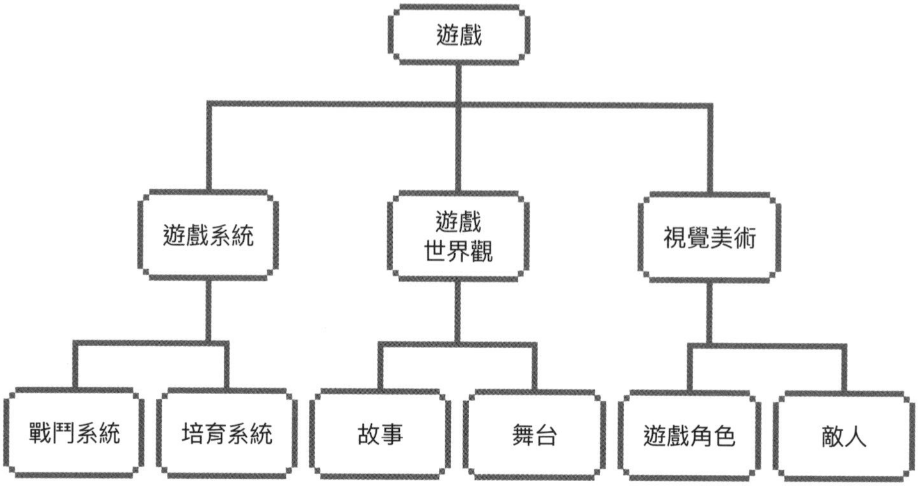
遊戲
遊戲系統
遊戲
世界觀
視覺美術
戰鬥系統
培育系統
故事
舞台
遊戲角色
敵人

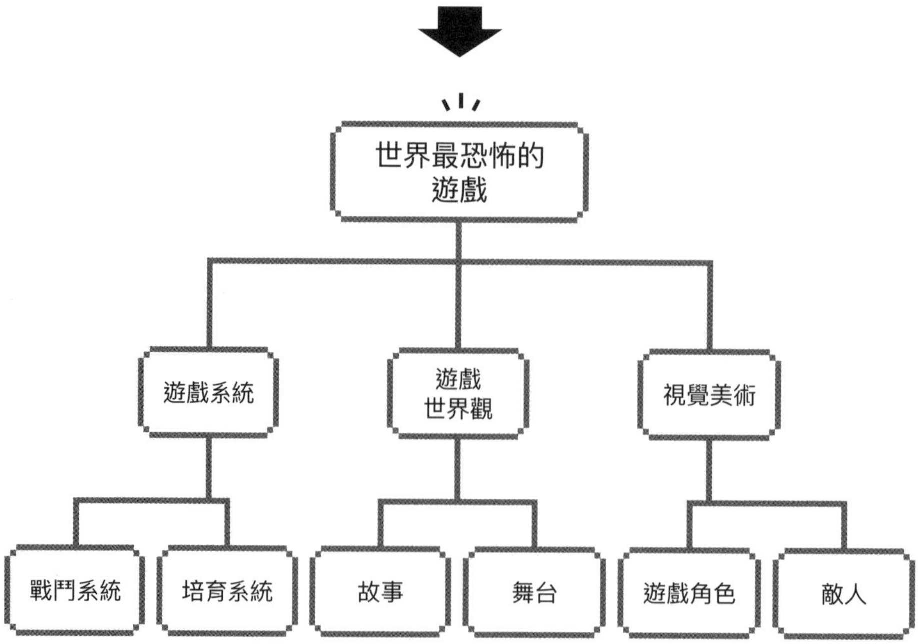
世界最恐怖的
遊戲
遊戲系統
遊戲
世界觀
視覺美術
戰鬥系統
培育系統
故事
舞台
遊戲角色
敵人

高層次目標的應用

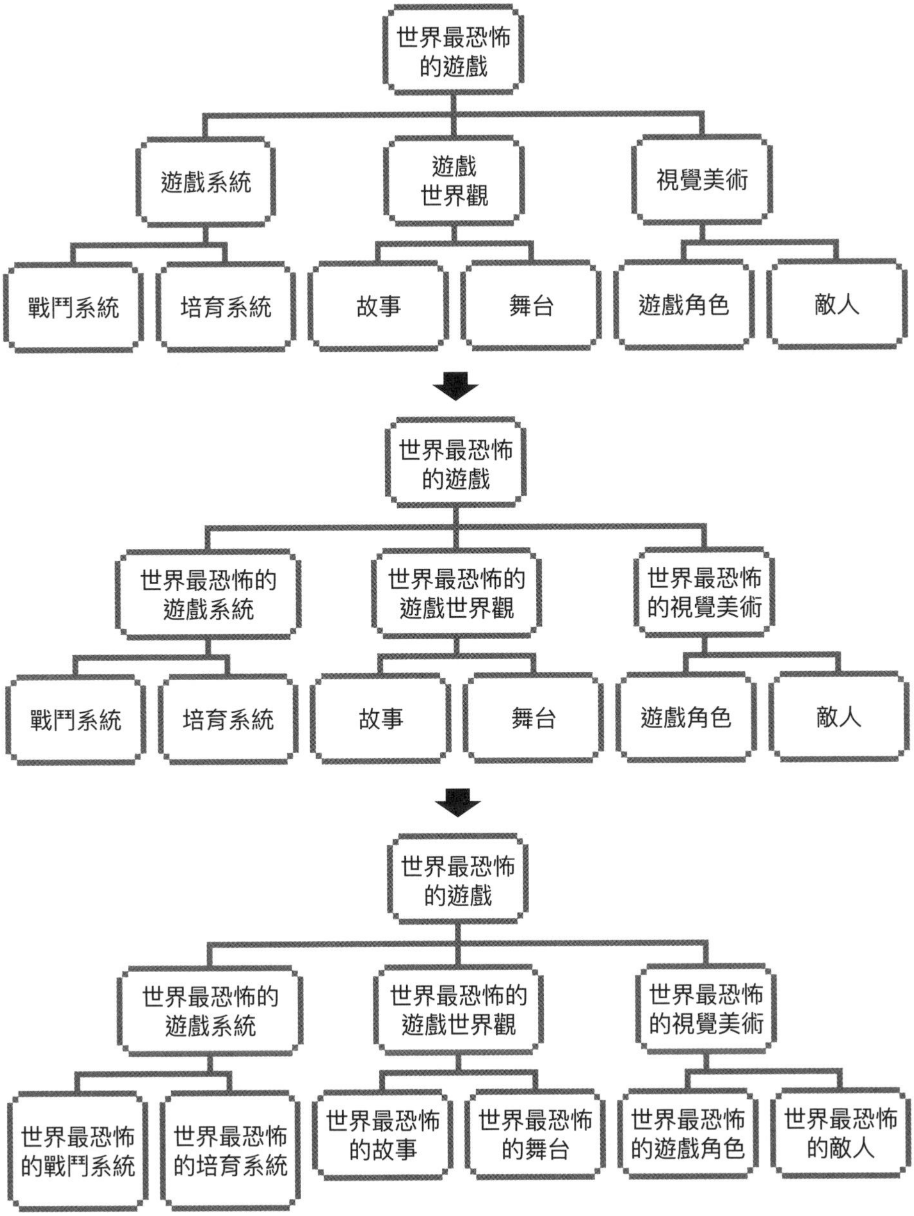
世界最恐怖的遊戲
遊戲系統
遊戲世界觀
視覺美術
戰鬥系統
培育系統
故事
舞台
遊戲角色
敵人
世界最恐怖的遊戲
世界最恐怖的遊戲系統
世界最恐怖的遊戲世界觀
世界最恐怖的視覺美術
戰鬥系統
培育系統
故事
舞台
遊戲角色
敵人
世界最恐怖的遊戲
世界最恐怖的遊戲系統
世界最恐怖的遊戲世界觀
世界最恐怖的視覺美術
世界最恐怖的戰鬥系統
世界最恐怖的培育系統
世界最恐怖的故事
世界最恐怖的舞台
世界最恐怖的遊戲角色
世界最恐怖的敵人

戲目標就是遊戲開發成員關鍵的行動依據。每位成員都必須不斷地回顧目標，確保遊戲正確朝向目的地邁進。

一般來說，遊戲開發成員來自各行各業，文化背景各不相同。所以，必須確保每一位遊戲開發成員對目標有共同的認知。因此，設定目標時請勿使用艱澀的修辭，也不要選用需要專業知識才能理解的單字。在簡化目標描述時，應該牢記「挑選容易留下印象的單字」、「濃縮成琅琅上口的短句」，並且「即使只有國中程度的知識也能輕鬆理解」。這樣一來，就能設計出一個簡單易懂的目標。

遊戲目標是指引遊戲開發成員前進方向的指南針。如果遊戲目標的描述不明確，遊戲開發成員的認知就會有差異，導致產製的遊戲素材與創意缺乏整體一致性。

若想要避免不一致或認知差異，遊戲目標的相關訊息請務必**簡潔易懂**。

設計有效益的目標

設置目標的真諦，是要檢視遊戲成效

截至目前為止，已經介紹了遊戲目標的重要性，以及該如何設計遊戲目標。不過對遊戲設計師來說，遊戲目標還有另一個重要意義。那就是，**能夠在遊戲開發中實際驗證目標結果**。

設定目標是要確保遊戲製作團隊的每位成員對前進方向有共同認知，並讓成員下決策時有共同的判斷基準。所以目標本身具備了高功能性。如果只是將目標掛在嘴邊，並無法發揮目標的功能。必須實際套用遊戲目標來檢視遊戲，才能發揮遊戲目標真正的價值。

遊戲設計師應該親自示範如何活用目標

遊戲設計師如果想要規範遊戲開發成員按照目標盡力發揮該有的價值，應該先以身作則。

如果遊戲設計師自己都無視目標的存在而擅自偏離軌道，怎麼能要求遊戲開發成員將目標視為前進的依據？所以遊戲設計師在下判斷、發想創意點子、或是溝通對話時，都應該套用設定好的目標，並據此檢視執行方向是否正確。

遊戲設計師應該**親自向遊戲開發成員展示**，如何利用目標審視遊戲開發方向沒有偏誤。

遊戲開發成員必須對目標有正確認識

如果希望遊戲開發成員在創作時都能指向遊戲目標，就必須讓每個成員深刻地認識目標的意義。

然而大部分的人很難記住只聽過一次的事情。即使聽完的當下自認理解內容並深感共鳴，等到實際要動手工作時，卻忘得一乾二淨。尤其忙昏頭的時候，人們通常會優先考慮先讓工作趕快進行。於是回過神來，早就已經將遊戲目標拋諸腦後。更別提實際的遊戲開發過程中，三不五時就會發生新人加入、或是出現變更負責人的問題。

所以，**遊戲設計師的工作，也包含要讓所有人對目標有深刻的認識**。這不是一朝一夕就能做到的事，建議遊戲設計師應該做為表率，反覆提醒遊戲開發成員，幫助他們在創作時不偏離遊戲目標。

坦然面對錯誤的遊戲目標

遊戲設計師工作時最理想的狀況就是制訂出遊戲目標，同時讓遊戲開發成員清楚認識目標的意義，並且在製作遊戲時能夠朝著目標貫徹到底。

可是有時不免也會發生專案推動到一半，才驚覺目標設計不當。一般來說，規劃遊戲目標時，事前都會經過審慎調查，深思熟慮以避免衍生任何問題。

即使如此，仍會發生遊戲目標與實際執行狀況悖離的情形。有些是因為製作中途才察覺事前沒發現的問題；有些是因為不可抗力的外部因素，導致遊戲製作的條件改變。有時雖然是堅定不移地朝著最終目標前進，但是行進中途卻突然意識到，再繼續下去遊戲也不會變得精采有趣。如果中途才發現遊戲目標不適當，該怎麼辦才好？

針對原本遊戲目標設定的執行方針，請果斷地撤回。

撤回原本的委託之後，勢必需要重新調整遊戲內的各種要素。這會導致遊戲開發成員感到疲憊，也會對遊戲設計師產生不信任感，甚至影響遊戲設計師與遊戲製作團隊之間的關係。重新設置遊戲目標，代表要推翻過去各項作業的先決條件，這可是非常嚴重的問題。對遊戲設計師來說，這是相當為難的決定。可是明知道遊戲目標不合適，卻還是堅持走到底，之後反而可能是更嚴重的後果。

無論在何種情況，一旦遊戲設計師察覺遊戲目標不合適，就算心痛也該鼓起勇氣做出正確的判斷，也就是果斷地重新修正。

設計出所有人都能信服的目標

對遊戲設計師來說，遊戲的終極目標至關重要。遊戲的終極目標不僅影響遊戲開發相關人員還有所有相關事物。正因為遊戲的終極目標如此重要，更需要遊戲設計師明確地定義出一個全體遊戲開發成員都能夠信服的目標。

在規劃遊戲終極目標時，請**務必謹慎思考**再做出決定。

POINT

1 遊戲設計的第一步是設定遊戲目標。

2 目標是各種決策最關鍵的判斷依據。

3 目標本身沒有標準答案。

4 分解遊戲構造，分層依序設定目標。

5 簡化目標的描述語言。

6 遊戲設計師應該不斷重申目標的意義，幫助遊戲開發成員對目標有正確的認知。

7 如果發現目標有問題，應該勇敢果斷地重新修改規劃。

提升「發想創意點子」的準確度

”往相同目標發想的創意點子，
相互碰撞後
能夠產生絕佳化學變化“

發想創意點子時應考慮到遊戲目標

創意點子如果與遊戲終極目標無關，那就毫無價值

遊戲設計師在製作遊戲時，時常需要發想各種創意的點子。這時候有幾項務必要遵守的原則。那就是，**創意點子必須與遊戲目標息息相關。**

在前一個小節**〈一切都是從「設定目標」開始〉**（p82）提到，創意點子只是實現目標時採取的手段。無論多麼空前絕後的創意點子，如果與遊戲目標沒有關聯就毫無價值。有時甚至會產生扣分的效果。所以開發遊戲時，遊戲設計師務必要先理解這個道理，避免做出錯誤的行為。

除了遊戲設計師之外，遊戲開發成員也需要丟出各式各樣的創意點子。無論是誰提出的創意點子或建議，都應該以「與遊戲目標有無相關」為基準來判斷效果好壞。之所以要特別提醒這件事，是因為在實際的開發過程中，與目標相關、無關的創意點子時常會混雜在一起。而且從現實層面來說，就算遊戲開發成員在丟出創意點子時牢記著遊戲目標，丟出來的創意點子也很難全部都與遊戲目標相關。

究竟哪一種創意點子，能幫助遊戲更靠近遊戲目標？想要找到問題的答案，首先，要先找出哪些創意點子會偏離遊戲目標。

創意點子與遊戲目標無關的風險

分辨創意點子是否與遊戲目標相關，方法非常簡單。請試著有邏輯地說明，這個創意點子為何能夠幫助遊戲更靠近遊戲目標。大部分的情況下，無法合理解釋的創意點子都與遊戲目標無關。

以**〈分解遊戲構造，依序決定目標〉**（p85）使用的「世界最恐怖的遊戲」為例，以下示範與遊戲目標無關的創意點子會造成什麼結果。

「世界最恐怖的遊戲」↓「世界最恐怖的遊戲系統」↓「世界最恐怖的戰鬥系統」

針對前述的遊戲目標來規劃遊戲系統時，假設提案如下：

- **帥氣的必殺技系統**
- **豐富多元的變身系統**

與遊戲目標無關的創意點子

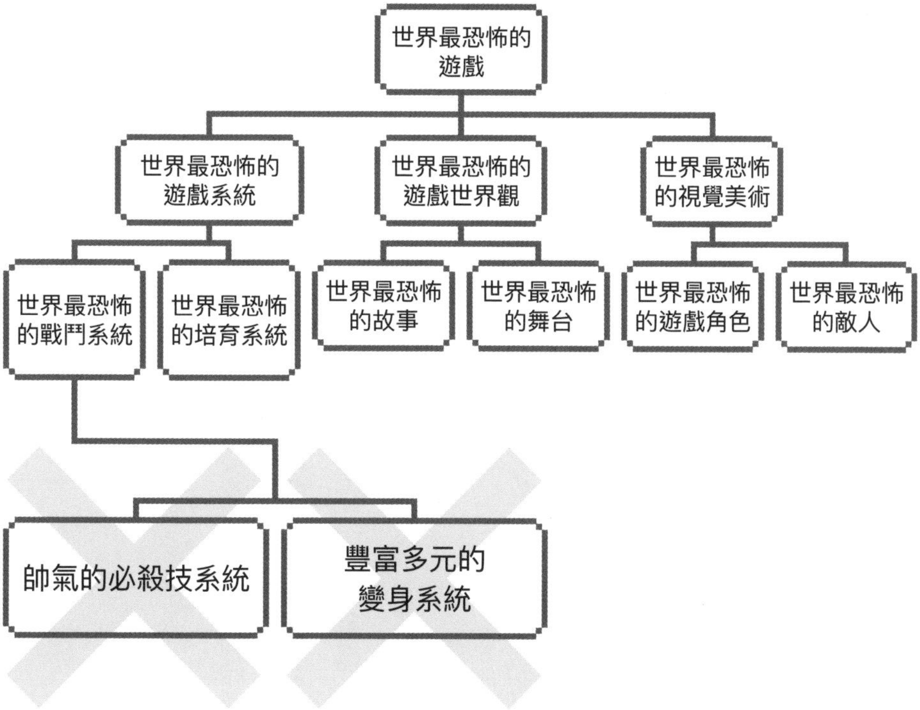

請問這兩個點子對製作「世界最恐怖的遊戲」這個目標能有任何幫助嗎？

任何人應該都能夠看得出，這兩個點子與遊戲目標沒什麼關聯。「怎麼可能會有人提出這種偏離重點的點子？」有些讀者可能會這麼想，可是這確實是實際遊戲開發現場的提案過程會發生的狀況。發想創意點子時如果沒有預先考慮遊戲目標，很自然就會產生這種結果。

無論多麼小的點子，實際製作和實裝都需要花費時間與金錢。所以需要從**這個創意點子與遊戲的關聯程度，判斷是否值得投注有限的開發預算與時間**。遊戲是以數萬個素材有目的性的組合出特定樣貌的作品。如同**〈一切都是從「設定目標」開始〉**（p82）所強調的，無論多麼精彩絕倫的創意點子，如果與遊戲目標沒有關聯，就會變成是**影響遊戲和諧的雜音**。這些雜音會讓玩家產生混亂或是不協調的感受。

話雖如此，也不必徹底摒除所有與遊戲目標無關的創意點子。只要記得這種創意點子會打亂遊戲整體的協調性，但有時偶爾添加一點點這些元素，反而能創造意外的效果。

與遊戲相關的創意點子之間的化學變化

了解了與遊戲目標無關的創意點子。接著，要示範什麼是與遊戲目標相關的創意點子。

以**〈分解遊戲構造，依序決定目標〉**（p85）所舉的「世界最恐怖的遊戲」為例，思考什麼是與遊戲目標相關的創意點子。

與遊戲目標相關的創意點子

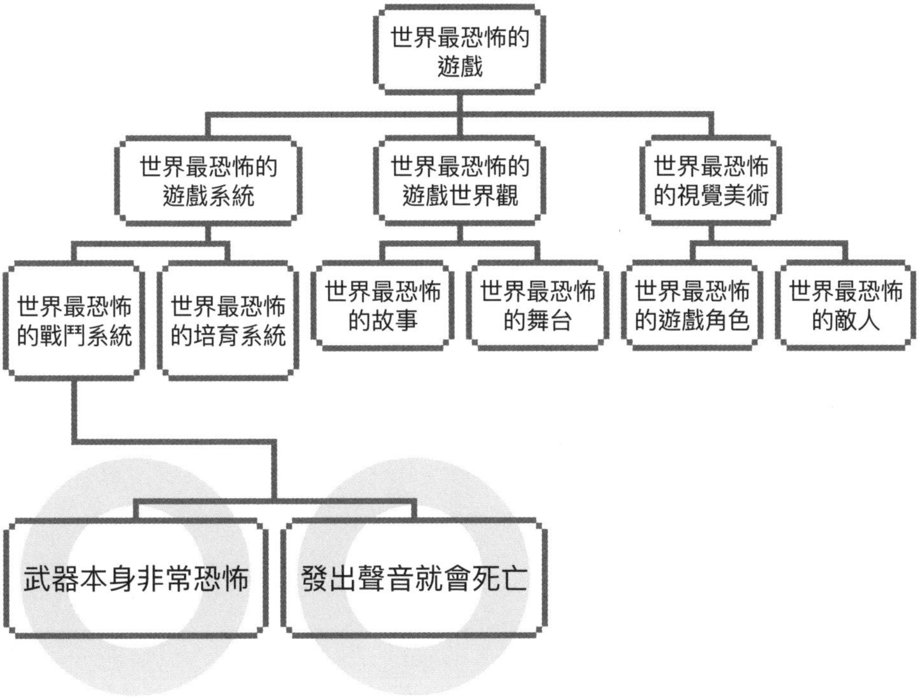

「世界最恐怖的遊戲」↓「世界最恐怖的遊戲系統」↓「世界最恐怖的戰鬥系統」

針對這個遊戲目標來規劃遊戲系統時，假設提案如下：

- **武器本身非常恐怖**
- **發出聲音就會死亡**

這兩個點子對於打造「世界最恐怖的遊戲」能夠有什麼幫助？

如果角色持有恐怖的武器，遊戲畫面就可以時常出現這個嚇人的要素。這樣一來，光是透過遊戲畫面就會給玩家帶來恐怖的印象。

另外，玩家操作的角色通常是在「疼痛」、「驚嚇」、「急促地呼吸」的情況才會發出聲音。本來這種情況代表著「受傷」、「體力值見底」的負面意義，所以當我們將這種負面狀態與「死亡」掛勾，就會再次加強負面的效果，並且提升戰鬥時的緊張感，演繹出令人恐懼的氛圍。

上述的說明只是隨意舉例，基本上只要是**圍繞著遊戲目標構思的創意點子，一定能夠找出活用方法，讓遊戲朝向預設的終極目標前進**。遊戲設計師在發想創意點子、以及評估是否要通過某項創意時，都應該以該創意點子是否與遊戲目標相關做為衡量基準。

圍繞著同一個目標發想出的創意點子，相互碰撞後時常會產生加乘效果，有時甚至能夠激發出絕佳的化學變化。

以「世界最恐怖的戰鬥系統」為例，可以將不同的要素整合在一起，試著延伸出以下新穎的創意：「在特定條件下，角色持有的武器會突然發出人的聲音，引起騷動吸引敵人靠近。因此玩家在玩遊戲時必須安排武器的休眠時間，以免過度使用武器」。

如果遊戲採用的點子都與遊戲目標息息相關，一定能夠創造出具有驚人爆發力的遊戲。若想在**遊戲的各個角落激起化學變化**，遊戲設計師與遊戲製作團隊就必須熟悉遊戲目標，並且對遊戲目標有共識。

發想創意點子之前，必須先定義「先決條件」、「創意發想方向」

構思創意點子的具體做法

了解創意點子必須與遊戲目標緊緊相扣的重要性之後，接著，要說明發想創意點子的具體做法。發想創意點子的方法沒有公式，一般說來，通常只要對事物展開思考，自然就會湧現各種想法。

市面上已經有不少有關構思創意點子方法的書籍，例如：集合眾多點子進行腦力激盪，或是採取「Mind Map」（心智圖）和「曼陀羅思考法」等圖像式的思考方法。這些都是構思創意點子時，廣為人知且十分好用的技法，建議讀者有機會也可以親自嘗試。不過，**使用這些方法發想的創意點子，不見得每一個都能夠與遊戲目標息息相關**。

因此以下要向各位介紹，能將遊戲目標與相關的創意點子緊扣在一起的具體做法。在開始發想創意之前，請先做兩件事。

- 定義先決條件
- 定義創意發想方向

「定義先決條件」：掌握創意點子的合理範圍

「定義先決條件」，是指除了終極目標之外，還必須達成的必要條件。

也就是說，在構思創意點子時，除了需要與遊戲目標直接相關，也必須同時克服「開發時間」、「開發預算」、「專案可雇用人數」、「適用遊戲機的技術限制」、「道德規範」等先決條件。因為若沒有滿足這些先決條件，就算點子本身與遊戲目標有正相關，也將會受限於現實問題，導致創意點子無法執行。

好不容易找到一個能夠達成遊戲終極目標的好點子，卻因為無法滿足某些先決條件而無法採用，那就太可惜了。要預防這個問題發生，就得**在構思創意點子之前，先確認創意發想的合理範圍**。

換句話說，所謂創意發想的合理範圍，也就是創意點子必須滿足的各項先決條件。透過這個過程，能夠梳理出創意點子必須滿足的條件，或是不可踰越的限制，進而掌握創意發想時的合理範圍。如此一來，就能夠在事前掌握創意點子的大概樣貌。

事先確認創意發想的先決條件，後續要產出創意點子就能更順利。

「定義創意發想方向」：從大框架進行創意發想

「定義創意發想方向」，是指定義創意點子的發展方向。換句話說，遊戲設計師應該先找出粗略的「切入點」，再開始思考具體的創意。建議讀者將創意發想的過程分成兩個階段，也就是先從大框架找出創意發想的思考方向，再往下思考具體的創意點子。

以「設計出全新的恐怖遊戲」為例。這時候應該先找出恐怖遊戲的發展方向，而不是急著拋出恐怖遊戲相關的點子。也就是說，先從大方向設定遊戲的切入點，例如：「要將日式恐怖帶入全新境界」、或是「要找出殭屍類恐怖的嶄新可能性」。

這套做法有兩個優點：

第一，掌握創意發想的方向之後，便能夠預先控制後續的創意點子不至於偏離遊戲終極目標。

以「**設計出全新的恐怖遊戲**」為例，如果最初大框架的切入方向不夠新穎，那麼就算繼續往下構思細節，也不太可能想出什麼嶄新的創意點子。反過來說，假如能定義出嶄新的切入方向，那麼從一開始就不必擔心創意點子不夠創新，並且能夠專注於改善創意的細節。

第二，能適度幫助跳脫遊戲終極目標的框架。畢竟遊戲設計師需要時時刻刻留意創意點子是否與遊戲目標相關，結果可能反而作繭自縛。

創意點子能否實現遊戲終極目標固然重要，可是如果因為這層限制，導致只能想出枯燥乏味的點子，那就本末倒置了。所以關鍵在於**保持平衡。不能太過在意遊戲目標，但也不能忘記遊戲目標的重要性**。

也就是在設定創意發想的大方向時，應該先聚焦在遊戲目標上。之後可以稍微拋下遊戲目標的限制，構思創意的細節。如此一來，就能自由地發揮創意，不必擔心創意會偏離遊戲目標。

事先定義先決條件與創意發想的方向，做到這兩點之後，才算完成構思創意點子的事前準備。接下來的階段，才是正式開始發想創意點子。

活用「先決條件」、「創意發想方向」，設計符合遊戲目標的創意點子

在先決條件與創意發想的交會點找尋創意點子

在找尋與目標相關的創意點子之前，必須先定義創意的先決條件與創意發想方向。完成這兩項步驟之後，才能夠正式開始構思創意點子。發想與遊戲目標相關的創意點子時，究竟又該從哪裡著手？

以下說明如何在**先決條件與創意發想的交會點**找尋創意點子。學會這個做法，後面拋出的創意自然而然會與遊戲目標有正相關。同樣使用「打造全新的恐怖遊戲」為例，依序說明具體做法。

列出具體的先決條件

請先列出詳細的先決條件。這裡以「打造全新的恐怖遊戲」為目標，思考需要哪些先決條件。筆者會針對遊戲的內容面進行概要的示範。

在這個範例中，想加強的重點在「嶄新」。只要稍加思考，就能列舉出各式各樣的「嶄新」切入點：

- **全新類型的恐怖遊戲**
- **主題創新的恐怖遊戲**
- **瞄準新客群的恐怖遊戲**
- **使用最新裝置的恐怖遊戲**
- **使用全新操作方式的恐怖遊戲**
- **替換新主要角色的恐怖遊戲**
- **有全新敵人現身的恐怖遊戲**
- **建立新商業模式的恐怖遊戲**
- **打造公司最創新的恐怖遊戲**
- **在日本還未見過的恐怖遊戲**

根據選擇的切入點的不同，要考慮的事項也會截然不同。

假如想要打造「全新題材」的恐怖遊戲，事前就需要了解現有的恐怖遊戲主題有哪些；如果是想打造「自家公司」的最新恐怖遊戲，就只需要研究公司過去的遊戲作品，並挑戰過往作品中未曾出現的領域、或是遊戲平台即可。

如上所述，如果最初的執行方針有誤，由於前提本身就有偏誤，將導致後面丟出的創意點子都必須廢棄。所以，**事前請務必定義精確的先決條件，以免後續發生執行方針偏誤的問題**。

假設這次製作遊戲的先決條件是要推出「嶄新的敵人」，那麼該如何往下做精準的定義？建議可以從這個問句延伸思考：「該從哪個方面給予敵人新意象？」

可能讀者會有疑問，定義必須多精準才能過關？這方面並沒有特別的規定，只要條件夠具體，未來不會出現嚴重執行方針偏誤即可。

從大方向延伸創意點子

假設決定要打造「有嶄新敵人的恐怖遊戲」。這時就要拋出一些「概略的點子」，決定要給予敵人什麼新意象。這個步驟的關鍵是「概略的概念」即可，不需要太過精確，重點是找出創意發想的方向就好。以下示範兩種情況的差異。

■精確的點子

●昆蟲

●怪鳥

●狼男

■概略的點子

●從敵人的類別給人全新感受

●從敵人的視覺設計給人全新感受

●從敵人的類型搭配故事背景給人全新感受

可以看得出來，精準的點子是直接點名具體的執行項目；概略的點子則是在**探討從哪個角度切入**。這套做法能幫助從範圍較廣的「哪一種『嶄新的敵人』可以帶給玩家全新感受」著手發想，而不會侷限在範圍較窄的「列舉敵人新類別」的框架中。

從大方向找出具體的創意點子

接下來，開始提案精準的創意點子。假設決定的是「**從敵人類型搭配故事背景，帶給玩家**

全新感受」這個方向。既然要從敵人與故事背景方面入手，那麼就應該先列出個別的具體點子。

■敵人的點子：敵人必須符合恐怖遊戲風格，並且要能夠與故事背景碰撞出新火花

- **殭屍**
- **惡靈**
- **外星人**

■故事背景的點子：

- **以江戶時代為背景的恐怖遊戲**
- **以大海為背景的恐怖遊戲**
- **以社群軟體為背景的恐怖遊戲**

整理出個別的創意點子之後，就能將兩者組合在一起。假設要採用「以大海為背景的殭屍恐類怖遊戲」。

殭屍會用什麼方式游泳？鯊魚、鯨魚如果變成殭屍，外貌會出現什麼變化？海鳥如果吃掉小型魚殭屍，身上會發生什麼改變？從這個範例可以發現，很容易就能拋出各種關於嶄新殭屍樣貌的創意。

以下讓我們來重新整理整個創意發想的過程：

為了打造出「全新的恐怖遊戲」，決定創意的先決條件是「有嶄新敵人的全新恐怖遊戲」。接著，不是馬上開始丟出「敵人類型的嶄新點子」，而是先構思「要從哪個大方向切入」。

然後，也不需要急著提案精準的創意點子。也就是說，**透過階段式思考，很快就能找出既能滿足遊戲目標期望又豐富多元的創意點子**。只要知道發想創意點子的先決條件與發想方向，後續想到的點子基本上都不會偏離遊戲目標。

找到思考的施力點，提升創意發想速度

本書介紹的只是眾多創意發想方式中的其中一種。即使你採用不同的發想方式，建議也不要忘記這個章節的重點。

不少人認為構思創意點子只要隨意發揮即可。實際上，最初如果沒有一個施力點，其實很容易卡關。比起茫然地挖掘創意點子，建議可先從一個施力點延伸思考，效率會更佳。

創意點子與遊戲目標相關是必要條件

基本上，創意點子一定要與遊戲目標緊緊相連。不過，創意點子的**最終價值，還是端看創意能賦予遊戲多少趣味性**。所以，在創意發想的事前準備階段，如果能先整理出遊戲目標、先決條件和創意發想的大方向，後續才能夠專心思考如何增加創意點子的趣味性。

總結來說，這套思考方法不僅能幫助構思與遊戲目標相關的創意點子，同時也能提升專注力與工作效率。

POINT

1. 構思創意點子時，務必考慮到遊戲的終極目標。
2. 與遊戲終極目標無關的創意點子，毫無價值。
3. 「定義先決條件」：掌握創意點子的合理範圍。
4. 「定義創意發想方向」：在大框架內進行創意發想。
5. 在「期待值」與「創意發想方向」的交會點找尋創意點子。
6. 找到思考的施力點，可以提升創意發想速度。
7. 創意點子的最終價值，取決於創意本身是否足夠有趣。

好的「委託」能引導出超乎預期的成果

”值得遊戲製作團隊
付出人生的
縝密委託需求“

委託，驅動遊戲製作團隊的動力

遊戲設計師必須推動遊戲製作團隊前進

整個遊戲製作團隊必須動起來，遊戲的開發製作才會有進展。這時，就必須由遊戲設計師來推動遊戲製作團隊前進。

遊戲設計師會透過委託，告訴遊戲製作團隊有哪些製作的需求。在介紹委託是什麼之前，先來說明何謂「推動遊戲製作團隊前進」。

遊戲製作團隊要接收到委託，才會開始工作

遊戲製作團隊是由遊戲公司職員以及自由工作者組成，他們收取薪資、酬金參與遊戲開發，盡力發揮專業能力。

可能不少人會認為既然是專家，即使沒有人發號施令，他們應該也能自動自發地工作。事實上，**遊戲製作團隊的成員通常是站在被動的立場**。處於被動立場不代表他們缺乏工作熱忱，

這單純是因為遊戲開發的工作流程、順序和職責分工，自然而然形成的狀態。

況且，遊戲製作團隊中的程式設計師、平面設計等專家的任務本來就是依照委託繳交成品。大部分的情況下，他們是接收到委託事項後才會開始採取行動，因此，在遊戲專案中自然也是處於被動的立場。

遊戲設計師的職責，包含向遊戲製作團隊傳達委託。所以，「推動遊戲製作團隊前進」的意思，就是指遊戲設計師應該提供委託需求，驅使各個專家能夠各自發揮所長。

發號施令者不代表高人一等

不過有一點希望讀者不要誤解。遊戲設計師雖然是委託人，並不代表遊戲設計師特別了不起。遊戲設計師的工作大多位在遊戲製作的上游階段，但這只是職務使然。在上游階段工作的人和在下游階段工作的人，地位是平等的。

委託既不是命令，也不是指令，這個詞語更接近請託的意思。

遊戲設計師這份職業本身沒有什麼偉大之處，不過，因為職責內容是委託他人工作，反而該說是責任重大。畢竟除了決定遊戲的有趣度以外，遊戲設計師的每個委託要求，都會直接影響人力與預算等資源的配置。

若說得誇張一點，遊戲製作團隊的多數人會為了實現遊戲設計師的委託，**奉獻出自己部分**

的人生。所以，遊戲設計師應該對此銘感於心，並且在委託時能夠細心周到地提出每一個需求。

遊戲設計師若要推動遊戲團隊前進，就必須提供遊戲製作團隊的專家們有盡情發揮所長的環境，進而促進遊戲製作進度。反過來說，如果沒有適時提出委託，整個團隊都將停滯不前。在遊戲開發過程中，遊戲設計師的委託工作就是如此舉足輕重。

活用「要件」和「自主判斷範圍」，打造超乎遊戲設計師預期的成果

引導出超乎遊戲設計師預期的成果

不少人看到委託一詞，會認為這個步驟需要提出具體的工作事項。例如：「請在地牢入口設計一個人寬度的金色大門」、「請給主角新增〇〇攻擊技能」等具體的委託事項。這個理解乍看之下沒有錯，但是實際這麼做則有好有壞。

因為委託的內容太過鉅細靡遺，接案的專家反而難以發揮。具體的委託固然很重要，但是

遊戲設計師如果只是告知對方希望完成的樣貌，那麼成品的可能性就會被限制住。換句話說，這種狀況下誕生的成品，永遠無法跳脫遊戲設計師的思維或想像。

若想要充分地發揮專家的能力，遊戲設計師必須知道**如何提供好的委託內容，才有可能收穫超越本人預期的成果**。而這個方法就是，事前定義委託的「要件」與「自主判斷範圍」。

定義「要件」，告知務必遵守的事項

定義「要件」即是指，遊戲設計師事前要先在委託內容標註「務必遵守的事項」。

假設今天要委託團隊「製作一扇門」。針對這項委託，可以延伸出許多可能性，例如：「門的材質」、「是推拉門？還是平開門？」、「真的有必要做一扇門嗎？是不是有一個可以通行的出入口就好？」等。

多數的遊戲設計師以為不要精確敘明委託要件，才能讓作業人員彈性且方便的作業，卻在收到成品後才發現素材根本無法使用。如果總是這樣反覆試錯，只會白白浪費重要的開發資源。因此，遊戲設計師應該直接在委託中提出務必遵守的事項。換句話說，應該在**一開始就先定義不可變更的事項**。

以「製作一扇門」為例，事先可以制訂出下述規範：「門的尺寸請設定成遊戲角色剛好能夠通過的寬度。請在外觀做出差異，將這扇門與無法開啟的門做出區隔。門的造型必須是開啟和關閉的時候，不會撞到遊戲角色的類型」。

定義「自主判斷範圍」，告知可以自由變通的事項

定義「自主判斷範圍」即是指，遊戲設計師事前要先在委託內容標註「可以自由變通的事項」。

通常只要遵守事前規定的要件，原則上未被定義的部分，都屬於作業人員可以自主變通的範圍。所以，除了要件所定義的事項之外，其餘部分都應該委由作業人員自主判斷。

這些仰賴作業人員自主判斷的部分，正是各個專家可以大展拳腳的地方。但這不表示遊戲設計師什麼都不需要做，工作就會自動完成。雖然遊戲設計師不必一直做決策，但是相對地，遊戲設計師的委託方式必須能夠引導出專家的實力。

如果希望作業人員能針對特定內容提出個人獨特的創意點子，可以**在委託中直接表達期望**，例如：「這部分希望能比遊戲設計師思考出更加精采的內容，麻煩提出具體提案」。

以「製作一扇門」的委託為例，自主判斷的範圍就是「只要門的尺寸是遊戲角色剛好能夠通過的大小，無論採取什麼設計或是造型都可以」。委託時如果只是表達「除了要件指定的事項之外，其餘部分都可以自由發揮」，由於範圍太廣泛，反而很難進行創意發想。所以，委託內容應該強調哪些事項可以自主判斷，才能使作業人員的工作更順暢。

配合委託對象制訂「要件」和「自主判斷範圍」事項

委託內容時明確定義「要件」和「自主判斷範圍」，可以引導工作人員盡情地發揮實力。這種委託方式才是能夠推動遊戲製作的有效做法。不過，這也只是筆者建議的一種做法而已。

事實上在遊戲開發現場，有些工作人員會認為：「遊戲設計師沒有具體或是詳細的委託事項，實在不知道從何開始」、「我不需要有自主判斷的空間，希望遊戲設計師可以詳盡地定義委託內容」。如果聽到這些反饋，遊戲設計師還是堅持提供「自主判斷空間」，只會讓工作更加麻煩。

換句話說，遊戲設計師應該適度地觀察每位作業人員的性格及擅長事項，再依照狀況安排合適的委託內容。

遊戲設計師不需要親自投入素材的製作，所以真正需要遊戲設計師發揮價值的地方，正是在於如何有效地推動遊戲團隊前進。因此，遊戲設計師應該**時常磨練委託的技巧，並且讓合作對象發揮出最好的實力**。

形形色色的委託形式

依照場景使用恰當的委託形式

到了這個階段，終於能夠開始提出委託。

遊戲設計師在委託工作時，會依照需求運用不同的委託形式。以下介紹幾種代表性的委託形式，並說明該種格式的優點與填寫的重點。

委託形式1　規格書

規格書是最常見也是遊戲設計師最常使用的委託形式。規格書是將遊戲設計師的需求，撰寫成作業人員需要的技術資訊，內容還會包含指定的執行方式。

假設需求是「請在這裡設置〇〇類型的門」，除了門外觀的委託之外，規格書內還要備註工作事項、處理方式與期望需求。例如：「請按照這個方式設置門的資料構造」、「請按照這個歸檔方式，放置門素材的資料夾」、「門的動態請加入可更改參數的欄位，方便後續做細節

規格書的示意圖

【漁夫殭屍的戰鬥規格】

前言

這份規格書是關於漁夫殭屍戰鬥時應有的相關動作。

工作事項

1. 出現
2. 戰鬥開始
3. 戰鬥中
    - I.　移動
    - II.　攻擊
    - III.　傷害
    - IV.　死亡
4. 消失

出現

出現的條件

請依照下面2種情況，配置漁夫殭屍的出現條件：
- 強制出現........事件結束之後，會看到漁夫殭屍「已經出現」在畫面。
- 靠近後出現....玩家進入觸發範圍之後才會出現。

位置資訊

請依照下面2種情況，設置漁夫殭屍出現的座標：
- 指定座標……出現在數據設定的指定座標位置。
- 隨機出現……在數據設定的範圍內，取得隨機座標後出現。

調整」等。

規格書因為有詳盡的委託說明，**比較不容易發生成品與委託內容落差太大的問題**。必要的情況下，規格書內必須寫上技術相關的資訊。也就是說，如果想寫出精準的內容，遊戲設計師本身也需要具備相關專業知識。

委託形式2　企畫概要書

企畫概要書的主要目的是簡略地傳達遊戲設計師的需求，所以不需要像規格書那樣詳盡。假設遊戲設計師的需求同樣是「請在這裡設置〇〇類型的門」。這時只要在企畫概要書中說明設置門的原因、及透過這扇門要達成的任務即可，不需要詳細指示門的製作方式。

企畫概要書通常使用在遊戲開發初期，也因為在這個階段遊戲相關的未定事項太多，所以無法明確寫出每個要素的細節。

這種委託形式因為只聚焦在遊戲設計師的期望事項，沒有指定執行方法，所以**最終成品可能會與遊戲設計師的期望有極大差異**。反過來說，如果是需要作業人員大幅度做自主判斷的委託事項，或者是遊戲設計師沒有堅持執行方法的情況，都很適合使用這種文件格式。

企畫概要書的示意圖

【漁夫殭屍的企畫概要】

概要

- 是遊戲裡人型殭屍類別中最弱的角色。
- 預計是遊戲裡數量最多的敵人，同時是最具代表性的敵人。
- 是所有類型殭屍的發展基礎，有標準的移動方式、攻擊方式、思考模式。
- 特徵是能在海面高速游泳。

工作事項

- 大部分狀況下漁夫殭屍會以立泳狀態漂浮在海面，只露出上半身。
- 一旦發現玩家就會高速靠近。
- 在高速移動時，漁夫殭屍會引起水花並發出嗚叫。

攻擊的分類

- 咬住不放（小攻擊）。
- 將玩家拖曳到海中（小攻擊）。
- 從海面飛躍而出（大攻擊）。

其他

- 有時會以臉朝下漂浮在海面上的狀態出現。
- 玩家靠近後會突然開始動作。
- 被打倒後會沉入海中。

委託形式3　委託清單

基本上這種委託形式都是以「Microsoft Excel」、「Google試算表」製作，以條列式清單寫出每件委託事項的最低限度資訊與需求。由於清單能註記的資訊有限，所以通常用來委託已經有一定模式，但是需要**重複委託、或是大量生產的素材**。

舉例來說，如果要一口氣委託十種不同類型的門，就可以條列出「編號」、「尺寸」、「開關方式」、「材質」、「開關時的動作種類」、「效果音的種類」等委託事項。接著，只要依序填寫各條項目內容，就可以一次性完成十扇門的委託。

製作委託清單時，首要之務是決

委託清單的示意圖

ID	姓名	性別	尺寸	類型	武器	移動	備註
em_010	漁夫殭屍A	男	M	小嘍囉	漁網	步行	
em_020	漁夫殭屍B	男	M	小嘍囉	魚叉	步行	漁夫殭屍A的差分圖*
em_030	漁夫殭屍C	男	M	小嘍囉	銛	步行	漁夫殭屍A的差分圖
em_040	海女殭屍	女	M	小嘍囉	無	步行	
em_050	釣魚人殭屍	男	M	小嘍囉	釣竿	步行	
em_060	鯊魚殭屍	無	L	Boss	無	步行	
em_070	鯨魚殭屍	無	LL	Boss	無	步行	
em_080	海鳥	無	S	小嘍囉	無	步行	

* 整體構圖相同但改變細節的數張圖。

定清單的規格。作業時請留意，要盡量濃縮清單事項以及委託資訊。之所以要力求精簡，是因為這種需要大量生產的素材的委託清單條目，數量有時會破數百甚至達到數千個。因此，遊戲設計師應該要設計簡單且易讀的表單，避免作業人員有所遺漏。

委託形式4　分鏡

分鏡是透過簡單的圖畫，呈現遊戲效果的委託方式。代表性的格式分成分鏡圖與動態分鏡兩種，前者基本是由文字和圖畫組成，後者則是使用簡單的影片呈現。

這種委託形式雖然需要畫圖，但是**遊戲設計師的繪畫技巧並非關鍵**。

分鏡的示意圖

攻擊前的動作

低調地隱藏氣息，悄悄靠近海上的玩家並準備發動攻擊。

攻擊動作

抓住玩家的腳後，將玩家拖曳到海裡，過程要緊緊咬住玩家的腳不放。

只要能夠用圖畫準確地傳達委託的事項，就算畫的是線稿或是草圖都沒有關係。也就是說，這種格式考驗的是遊戲設計師的表達能力，能否在圖畫中明確地傳達委託的資訊。

委託形式 5　參考資料

這種委託形式是先四處蒐集現有作品中與委託內容類似的素材，再提供給作業人員做為參考。

以門為例，可以從其他遊戲、或是照片找尋外觀接近的範例，方便作業人員參考。遊戲設計師通常會使用這個方式，委託場景所需要的「圖像」、「影像」、「遊戲系統」、「演出方法」、「美術風格」、「音樂」等。

這種委託形式因為是運用現有的成品進行委託，有具體的參考物，所以能夠加速作業人員的工作流程。不過有時候不免會發生作業人員被參考資料牽著鼻子走，導致最終成品和參考資料相差無幾的情形。這有很大的風險會在後續引發「抄襲」、「描圖」等版權疑慮。所以，建議使用參考資料提出委託時，請不要只說參考所附資料，請**明確地說明主要希望參考所附資料的哪些部分、或是想凸顯哪些內容**。

委託形式6　樣品資料

這種委託形式是由遊戲設計師事前製作出接近實裝成品的樣品資料。

例如要請程式設計師製作調整參數用的表單時，遊戲設計師可以用試算表製作一個期望的格式，加速雙方溝通。製作背景地圖時，可以使用３Ｄ軟體製作３Ｄ模型，向平面設計師呈現地圖大致的地形和尺寸。

如果遊戲設計師對於要製作的素材有明確的規劃，並且**有設備能夠製作出接近最終成品的樣品，那麼這種委託方式會是最有效率的方法**。

不過請記得，遊戲設計師製作的畢竟還是樣品，並非可直接套用在遊戲內的成品。所以，樣品資料充其量也只是讓專家理解成品型態的參考物罷了。

委託形式7　會議

遊戲設計師也可以透過舉辦會議，直接向作業人員口頭說明委託事項。口頭說明可以傳達出**書面資料難以呈現的氛圍與情緒**。

會議是一種以人為核心的工作形式，每個與會人員對委託事項的理解及解讀皆不相同。所以，會議後一定要確認每個人是否正確地理解委託內容，如果發現認知有偏誤就要盡快修正。

除此之外，有時候沒有參加會議的人會遺漏更新的委託資訊，所以遊戲設計師也要確保，沒有與會的人員都有收到最新的會議資訊。

這種以人為主的工作形式雖然缺點不少，但是能夠直接口頭傳達想法是最不可取代的優點。這種委託形式的執行關鍵是，應搭配會議資料、會議紀錄等書面資料來輔助補強資訊。另外，建議可以將會議過程錄影下來，幫助未能參加會議的人員輕鬆掌握會議資訊。

委託形式沒有既定格式

前面介紹了許多的委託形式，大部分情況下，遊戲設計師會視符合場景的素材類型，綜合使用數種委託形式。

每一種委託形式都沒有制式的書寫格式，重點是要視當下狀況思考最合適的傳達方式。不同的遊戲專案和遊戲製作團隊，適合的做法都不盡相同。所以筆者認為正確的做法是不必拘泥於既定格式，只要採取當下能夠有效傳遞資訊的形式即可。

每一種委託形式之間沒有可以共用的格式，唯有一個重點，無論採取哪一種委託形式都請好好牢記，一定要**註記「前因後果」**。向作業人員說明委託的前因後果非常重要，切記千萬不要只是傳達委託的工作事項。

前面強調了好幾次，遊戲設計師的職責是藉由委託工作推動遊戲製作團隊前進。也就是說，作業人員愈能夠理解委託的緣由與需求，就愈能發揮實力。

POINT

1 遊戲設計師透過委託，推動遊戲製作團隊前進。
2 好的「委託」能引導出超乎遊戲設計師預期的成果。
3 事前務必要定義委託的「要件」。
4 事前務必要定義委託的「自主判斷範圍」。
5 應視作業人員個別需求，決定「要件」與「自主判斷範圍」的具體程度。
6 應視遊戲製作團隊和遊戲專案的需求，決定委託的形式。
7 委託內容務必要包含委託的前因後果。

「實裝」考驗的是溝通能力

”實裝是遊戲設計師與實裝負責人同心協力完成的工作“

除了遊戲設計師，遊戲仰賴眾人之手完成

遊戲設計師在實裝步驟的主要工作是「溝通」和「審核」

實裝是指將素材資料與程式安裝到遊戲的步驟。

大部分的情況下，實裝步驟是由程式設計師和平面設計師執行完成。所以在這個步驟中，基本上**遊戲設計師不會負責實際的執行工作**。遊戲設計師的主要職責，是與實裝的作業人員「溝通」，並且「審核」實裝之後的成效。

遊戲設計師要主動建立「溝通」

實裝步驟中進行的溝通內容很廣泛，例如：對委託內容做補充說明、解答實裝過程中作業人員的疑問、以及討論實裝完成後出現的問題該如何解決。

這個世界上沒有任何委託能夠萬無一失或是毫無疑慮，許多問題都是進入實裝步驟後才會浮現。如果遊戲設計師以為送出委託並且進入實裝程序後，就可以撒手不管實裝的過程進度，

通常會錯過在第一時間發現事前未預期的問題，導致最後一發不可收拾。

另外，遊戲設計師可能會理所當然地認為實裝作業人員碰到問題後會主動提出，實際上大部分的情況下，作業人員傾向按下不安與焦慮繼續工作。也因此，**遊戲設計師應該頻繁地與實裝作業人員保持溝通交流**，確保從一開始就能發現問題並予以解決。

遊戲設計師負責「審核」實裝成效能否過關

遊戲設計師會進入遊戲或者透過工具，「審核」實裝工作人員架設的素材是否符合委託需求。

為了避免成品和委託內容不一致，遊戲設計師必須從各種面向仔細地檢查，例如素材成效與委託是否有落差？是否出現委託時未能預期的問題？素材相互組合後是否出現異狀？所有的素材品質是否一致？

遊戲設計師的審核結果，將決定實裝的成敗，所以這個程序相當考驗遊戲設計師的審核精確度。即使乍看之下毫無問題，也不代表素材沒有問題。遊戲設計師必須對遊戲的製作方針和遊戲終極目標有正確的認識，才能做出適當的判斷。除此之外，遊戲設計師還必須有全方位的知識，才能進一步排除執行和製作上的風險。

擁有精準的審核能力很重要，能否在正確的時間點確實審核也很關鍵。遊戲開發過程中時常因為沒能早期發現問題，導致造成後續更嚴重的影響。因此，非常有必要在實裝中途安排中間檢查，切勿等實裝完成才做檢查。

那麼，何時是合適的檢查時間點？檢查時又該進行哪些檢查？這些沒有正確的答案，應視每個專案和作業人員的技術、以及整體遊戲開發環境的狀況而定。**評估檢查時間點並且決定檢查流程，也屬於遊戲設計師的職責**。

綜上所述，遊戲設計師在實裝步驟負責的工作，其實就是「溝通」與「審核」。這兩項步驟如果能夠切實地執行，遊戲設計師便能明確地推動遊戲團隊前進。

圍繞著遊戲目標進行溝通

實裝步驟時的有效溝通方式

實裝過程中需要的溝通，主要是在處理遊戲設計師委託素材時未能察覺的問題，以及實裝作業人員在工作過程中產生的疑問與課題。

需要進行溝通的情況有各式各樣，但筆者有一套方法，能讓你無論與誰溝通都能取得有效的進展。以下即詳細說明遊戲設計師要引導實裝工作往正確方向邁進時，應該注意的溝通注意事項。

以遊戲目標為核心進行溝通

關鍵在於不論採取哪一種實裝方法，溝通內容都應該圍繞著遊戲目標。堅持某種特定的實裝手法，只是執著於自己主觀的意見或創意罷了。

遊戲設計師和實裝作業人員之間容易產生意見紛爭，通常是因為雙方堅持己見，認為自己的方案最好。之所以對執行方式有所堅持，就是因為主觀認為「自己的做法才正確」。但是這種溝通方式通常難以說服對方，對接收者來說，說話者只是一味將個人喜好強壓在自己身上。這樣往來反覆幾次，最終只會導致彼此關係惡化。

因此，建議溝通的時候圍繞著遊戲目標做討論，例如：「你覺得哪一個創意點子與遊戲目標更有關聯？」、「哪個方案能用更少的預算實現遊戲目標？」。如此一來，就能**以目標為判斷基準，給予客觀的評價**。

以設定角色的移動方式為例。假如遊戲的終極目標是打造「有驍勇善戰角色及俐落動作的遊戲」，那麼，就應該提供角色最大程度的移動自由度、速度與操作反饋。另一方面，如果是要打造「極恐怖的遊戲」，反而可以讓角色有移動限制，例如：「走一陣子就會感到疲累」、

「明明是快速轉彎卻很花時間」等營造出怪異違和感。換句話說，視每一款遊戲的終極目標，最合適角色的移動方式也會有所不同。

僅針對遊戲終極目標進行討論，就能預防討論走向「○○方式比較好」、「我更喜歡△△方式」的死胡同，並且避免雙方主觀意見直接碰撞衝突。如此一來，就能回歸製作的初衷，**以客觀的觀點進行對話**。

溝通過程中，遊戲設計師要關注的重點應該放在如何實現遊戲終極目標，而不是在意自己發想的創意點子有沒有被採用。話雖如此，遊戲設計師也不是不能因為個人的某些堅持而針對執行方式提出意見。這時候可以向實裝作業人員委婉說明狀況特殊，只有這次希望對方可以破例協助。如此一來，對方可能會想：「平時他很少堅持自己的創意，既然這次是特殊狀況，幫一下忙也無妨……」，很有可能有機會按照自己希望的方式修改。

主動尋求他人幫助

想要實現遊戲的終極目標，就應該積極和他人展開溝通，並視不同的需求仰賴適當的人員協助。

遊戲設計師做為素材製作的委託人，每天都得在團隊提出的創意提案與問題中打滾，並被迫做出各式各樣艱難的判斷。例如過程中，時常要面對各種類專業知識技術相關的問題，以及

請他人幫忙的技巧

討論 ＝ 察覺需要討論的問題 ＋ 發起討論行動

遊戲開發時程、預算增減等遊戲設計師無法自行決斷的困難議題。

這時候，找到正確的人聊一聊非常重要。對於不懂的問題，如果以為「只要裝懂就沒事了」、「雖然我沒有決定權，但這樣處理沒差吧」、「算了還是自己煩惱就好了」，在未來只會引起更嚴重的問題。

拜託別人幫忙，絕對不是丟臉的事。請坦然接受自己也有不懂的事情，並且及早向外界求助。事先了解遊戲開發成員每個人擅長的領域，臨時要請人協助時將會很有幫助。

不過，即使知道求助的重要性，有時還是難以開口。有一個好方法，可以幫助你鼓起勇氣付諸行動。那就是，將請他人幫忙這個行動，分成「**察覺需要討論的問題**」、「**發起討論**」兩個行為。

有關「察覺問題」的訣竅，平時請養成習慣，將自己負責的工作彙整成條列式清單。遊戲設計師常常會遇到，即使是與自己無關的工作，只要不是太難的問題就會選擇自己動手解決。然而，這會不自覺造成「自己能力無法處理的問題、或是不該由遊戲設計師解決的問題」落到遊戲設計師身上。所以，建議一開始就應該將自己負責的工作整理成清單，如果突然遇到不在工作清單上的新問題，就馬上找人商量。久而久之，就能慢慢開始「察覺問題」。

另外，若能事先決定好商量的對象，就可以更輕鬆地「展開實際行動」。請在每個領域找到一位可以討論問題的對象。如此一來，遇到問題時自然會想起對方，就能省下煩惱找誰幫忙的時間。察覺問題、並且找到可以商量的對象之後，接著只需要付諸行動。

實裝工作是遊戲設計師與實裝作業人員一同完成

想要引導實裝作業往正確的方向邁進，關鍵就是溝通時要圍繞著遊戲目標進行討論，而且遇到問題就及時對外求助。

實裝程序中的實裝作業人員固然非常重要，但是遊戲設計師做為推動遊戲進度的角色也十分重要。換句話說，**實裝工作是由遊戲設計師與實裝作業人員一同完成的作業**。

遊戲設計師需要審核實裝成果

公正地審核實裝成果

素材實裝完成之後，遊戲設計師需要從委託人的角度出發，判斷成效是否可以過關。成效沒問題，這份委託就算結案，遊戲製作進度就可以繼續往前邁進。

當然，不應該為了推進製作進度，就無條件通過每個素材的審核。那麼，遊戲設計師該如何進行判斷？以下介紹審核時的三項重點：

- 遊戲終極目標
- 委託要件
- 品質

第一：是否符合遊戲終極目標

第一個步驟，是確認成品是否符合遊戲終極目標。

在溝通與審核的過程中，從遊戲終極目標出發的思考非常重要。審核當然需要經過各種層面的評估，但是，最一開始務必要先確認，素材成品能否幫助遊戲實現終極目標。

隨著遊戲開發時間拉長，一定會有不小心忘卻遊戲終極目標的時候。尤其是遇到充滿魅力、或是品質極佳的素材成品，難免會受到吸引而忽略最重要的初衷。請切記，就算實裝之後的實體成效超級完美、或是實裝作業人員動用休假完成的自信之作、或是整個開發團隊都對成品讚不絕口，只要**成品無法實現遊戲的終極目標，就應該要淘汰出局**。

例如完成了角色移動的實裝步驟，假設此時成功的打造出帥氣又俐落的角色移動動態，也就是說，在玩家的操縱下，角色不僅可以快速移動、還有極大的移動自由度，甚至連品質也不輸市面上其他的遊戲。可是，如果這個遊戲的終極目標是要打造「世界上最恐怖的恐怖遊戲」，因為和終極目標不相符合，遊戲設計師就需要果斷對這個成品說ＮＯ。

審核時請以遊戲終極目標為核心，冷靜地進行評估。

第二：是否滿足委託要件

接著，需要考慮素材成效是否符合最初的執行要件、目的和規格。請重新審視最初的委託內容，詳細地驗證素材成效是否都有符合委託需求。

驗證工作重點在於**績密度與精準度**，如果稍微有所遺漏，即使成果乍看效果極佳，後續仍有可能需要重頭來過。建議事先預備好檢查清單，再進行地毯式檢查，以免錯漏任何可能隱藏的問題。

其中最常發生的問題就是「只檢查素材在最佳視角下的狀態」。以3D遊戲為例，角色、動作動態和特效都會在3D空間呈現，所以玩家可以從各個角度進行觀察。在檢查時，若是只關注正面看到的效果是否完美無缺，就很容易忽略其他的角度才能發現的破綻。

遊戲設計師應該牢記，除了從最佳視角進行檢驗之外，也應該從「正下方」、「超近距離」等「一般玩家不會察覺的角度」，確認實際的效果。

順帶一提，針對已經確實通過驗證合格的項目，若是遊戲設計師依然表示「還是覺得此處有問題，請安排重新處理」，將會重創實裝作業人員的工作士氣。請盡量避免。

遊戲設計師只能透過人工的方式進行驗證，既然是人工檢查，就不可能不出錯。即使如此，遊戲設計師事前還是要盡最大努力仔細查驗，致力防止後續發生重工等問題。

第三：品質是否過關

確認素材成果符合遊戲目標並滿足委託要件後，接著，就要評估成品的品質是否過關。有許多素材成果即使通過前兩項條件，也可能在品質上出現問題。

每個遊戲專案指派的品質控管負責人並不固定，一般來說，會由總監或者角色組、背景組等各小組的組長階級人員負責。

然而，就算有專屬的品質控管負責人，遊戲設計師還是需要為素材的品質把關。遊戲設計師並非各領域的專家，所以在審核品質時應該**轉換成目標客群的視角，忠實地傳達體驗遊戲後的客觀感想**。例如：「這一定正中使用者喜好」、「這種表達方式使用者好像很難理解」，這些都是從遊戲目標客群的角度出發產生的回饋。

也順便提醒，遊戲設計師提供的回饋或建議如果時常混合主觀意見、或是個人偏好，久而久之，實裝作業人員就會習慣追求滿足遊戲設計師的喜好。開發遊戲時如果看不見使用者的樣貌，只顧著顧慮遊戲製作團隊與遊戲公司某人的臉色，代表這個專案即將陷入泥淖。

不論素材成效是否合格過關、還是尚有問題需要解決，遊戲設計師在溝通時，都應該從遊戲目標客群的角度出發，給予客觀意見，才能避免發生上述問題。

是否具備趣味性

前面介紹了三項審核重點，其實，還有一項最關鍵的審核重點。那就是趣味性。

有時候即使素材與遊戲目標有關、成果符合委託要件，甚至實裝後的品質也無可挑剔，但做出來的成果就是趣味性不足。

素材若是確實地依照委託製作後才因為趣味性不足而遭到否定，這代表**最初的委託本身就有問題**。素材成效不夠有趣的可能性非常多，有時是因為素材的成效與想像的效果有落差；有時是素材本身雖然與想像相符，但是產生的效果不如預期。

無論是哪一種情況，遊戲設計師都必須認識到問題是出在自己身上。請誠實地面對問題，並且視狀況規劃修正方案。

遊戲設計師做為素材委託人，如果能夠親自否決自己委託後完工的素材，其實也是在承認自己的錯誤。這需要莫相當大的勇氣。相反地，如果頑固地堅持己見、甚至無法認清現實，最終很可能會招致更嚴重的後果。

無論實裝之後素材的成效如何，遊戲設計師都應負起責任，謙遜地接受任何結果。

POINT

1. 遊戲仰賴眾人之手完成。
2. 遊戲設計師在實裝步驟的主要工作是「溝通」與「審核」。
3. 溝通時不過度執著執行手段，並應以遊戲目標為核心討論。
4. 問題難以自行決斷時，應尋求他人的協助。
5. 依照「遊戲終極目標」、「委託要件」、「品質」的順序判斷實裝成效。
6. 審核素材是否具備趣味性。

「調整」能夠決定遊戲的生死

”遊戲中的每一個元素，
都必須經過調整
才能夠獻給使用者“

遊戲經過調整才會開始變得有趣

調整能夠決定實裝的生死

遊戲經過調整之後，才會開始變得有趣。

如果說實裝步驟是做菜的備料階段，那麼調整步驟就是要開始烹調，最後才能變成料理端到顧客面前。未經調整的遊戲只能算是半成品，以料理來比喻只是一堆食材罷了，無法直接呈現給使用者（遊戲的資料設定集則屬例外，因為本來就是要展現製作的過程）。

舉例來說，假如有一個品質絕佳的角色3D模型，該模型在站著不動的狀態，與在遊戲中帶有表情、演技的狀態，給出的印象截然不同。只要稍微變更參數，就能一百八十度改變玩家對遊戲的感受與印象。

調整的目的就是**將遊戲修調成足以呈現給使用者遊玩的狀態**，這個時候遊戲才算是進入最終型態。調整的技術優劣，可以左右所有素材的生死。所以手握調整大權的遊戲設計師，可說是責任重大。

遊戲內的每一個要素都必須經過調整

遊戲的調整作業範圍涵蓋整款遊戲，**遊戲內每一個要素都必須經過調整，才能夠呈現到使用者面前**。

調整的範圍包山包海，除了要調節遊戲難易度、細修美術圖等明顯的項目，連接場景之間的淡出特效甚至是以零點一秒為單位做調節。調整步驟即是針對遊戲的所有要素，細緻地逐一微調。由於範圍涵蓋整款遊戲，所以依照調整的方式，將大幅地改變遊戲的最終樣貌。

那麼，遊戲設計師應該要怎麼調整，才能將遊戲修調成更好的模樣？如果只是茫然地憑直覺調整，當然不可能做出具備趣味性的成果。遊戲設計師的所有工作中，**調整可說是最困難的工作**。即使單純地調整某一個遊戲要素，也要考慮到如何與其他素材銜接、及調整後會有何影響。這項工作不僅考驗遊戲設計師對遊戲各領域的專業知識，還必須有能力預測使用者的反應，才能決定最終要將遊戲調整成何種樣貌。

遺憾的是，目前沒有一套必勝做法能夠保證只要照著做絕對會成功。不過有一些方法可以幫助創造更好的效果。以下說明具體的做法。

成效好壞由玩家決定

決定遊戲的目標客群

進入調整步驟時，首先要知道是以哪個客群為基準進行調整。

遊戲設計師雖然是在遊戲開發過程中，逐一審核素材優劣、並且執行調整作業的人。但是，實際玩遊戲的人是玩家，因此玩家才是最終判斷遊戲成效好壞的人。

以料理為例，每個顧客的飲食喜好是千差萬別。就算提供味道完全相同的料理，也一定同時存在著覺得好吃和不好吃的顧客。因此，在為料理調味前、也就是開始遊戲調整作業之前，必須先**決定遊戲的目標客群是誰**。接著，才考慮想讓目標受眾感受到何種氛圍，進而決定如何為遊戲調味。

在調整工作中，設想著遊戲目標該如何傳達給使用者，與實際的調整工作同樣重要。

調整作業不需要加入遊戲設計師個人的興趣偏好

直到玩家體驗遊戲之前，誰都不知道遊戲調整後的效果是否符合大眾喜好。

話雖如此，在顧客真正品嘗到料理之前，遊戲設計師還是得先決定料理的口味。因此，**遊戲設計師在調整過程中，必須一直想像玩家的反應**。

「比較擅長動作遊戲」或是「不擅長節奏遊戲」等，作業過程中要完全不受這些個人偏好或是擅長領域的影響，是非常困難的事情。但是執行調整作業時，請務必要摒除遊戲設計師個人的私心、興趣與愛好。

輕鬆轉換成玩家視角的方法

本來人就很難完全轉換成別人的視角看待事物。尤其，遊戲設計師還必須要假想出特定客群的偏好，這可不是常人能做到的事。

正因為要假想玩家的遊玩狀態很困難，所以如果有機會實際看到玩家遊玩的樣子，就不用花費功夫做想像模擬，整體調整工作也會更順利。

事實上，即使在遊戲開發途中，也**有方法取得接近玩家反應的反饋**。以下介紹兩個最具代表性的案例。

- 封閉測試
- 公開測試

「封閉測試」：取得主觀感想

封閉測試是邀請玩家體驗開發中的遊戲，並藉此取得意見與感想的方法。

封閉測試依照受測對象的不同，分成幾種形式。有些是遊戲公司內部本來就有專門進行封閉測試的組別、有些會委託外部業者幫忙找人接受測試、有時是直接在遊戲製作團隊與公司內招募願意接受測試的志工。不過無論採取哪一種形式，由於受測者會直接接觸到尚未上市的遊戲，為避免洩漏情報，**必須謹慎挑選受測對象**。

蒐集測試者感想的方式也十分多元，可以選擇用問卷形式獲取意見與感想；或是訪問受測者，聆聽最直接的反饋；或是側拍受測者遊玩時的模樣，確認受測者的情緒變化。

透過封閉測試，主要能夠獲取體驗者的主觀看法、意見和感想。

「公開測試」：取得客觀數據

公開測試則是在限定人數下，邀請一般使用者實際遊玩即將完成的遊戲。這種測試方式最常應用在線上ＰＣ遊戲，近幾年也有部分智慧型手機遊戲開始採用。

由於玩家是在發售前夕直接體驗接近成品狀態的遊戲，所以反饋內容會更為精準。公開測試時獲取的意見，會使用於遊戲的最終調整。

不像封閉測試通常只是內部找幾個人協助，公開測試時受測人數可能會是數百名至數千名。也因為如此，公開測試更能取得更多元觀點的意見。

這種測試方法並非只有優點沒有缺點，它的風險在於，如果公開測試時遊戲的品質不過關，代表在正式發售之前，負面的評價會先流傳開來，導致**遊戲尚未推出就先被貼上既定標籤**。

但是，相較於封閉測試只能取得少數玩家的主觀意見與感想，公開測試能夠從線上取得大量玩家的遊玩數據，分析數據後便可以發現遊戲的問題，進而維修調整。例如有兩種等價的武器，如果數據顯示大部分的玩家都偏向使用某一個武器，那麼就能進一步研究玩家不使用另一種武器的原因。

測試結果無法代表真正的使用者感想

測試完畢之後，通常最容易出現問題的便是遊戲的教學。

做為開發人員，遊戲製作團隊有時會認為：「這些地方不用介紹得這麼詳細吧」。但是，對於第一次遊玩的玩家來說，事前教學還是必要的內容。

誠然許多玩家在玩家用主機遊戲時，不會特地閱讀遊戲說明書。但是遊戲製作方不應該以為只要附上遊戲說明書、或是在設定頁放入控制器的按鈕功能介紹，就可以理所當然地忽略在遊戲開始之前，向每個玩家介紹遊戲基本規則的必要性。建議可以在遊戲裡補充教學說明，或者將玩家難以理解的要素加以簡化，都能有效改善問題。

說實話，封閉測試與公開測試的結果，都不能完全代表玩家的聲音。但是透過這些方法，能夠更接近玩家的心聲、意見與他們關心的議題，進而幫助遊戲設計師進行遊戲調整。

但請留意，**遊戲設計師千萬不能被輿論牽著鼻子走**。

首先要理解，測試的結果只能獲得接近使用者感想的反饋，絕對不是真實的使用者意見。因此，千萬不要將所有意見全盤接受，只需要將測試的意見當做參考即可。

遊戲設計師有時會因為反彈的音量過大，錯以為這些聲音就是正確的意見。但是請不要忘記，受測者的反饋僅是針對尚未完成的遊戲。

這個時候的遊戲還在開發階段，如果因為測試的結果就認為遊戲需要全部打掉重練，那就好像料理都還沒進入調味階段，就覺得料理索然無味，需要重新烹調一樣。事實上，很可能只要加入最終調味，整道料理就能夠昇華成神級美味。

品嘗到半成品料理的顧客並不清楚哪些部分還在開發製作階段，也難以想像最終會如何呈現。所以，他們反應的僅僅是這個階段的料理好吃或不好吃而已。

意見就只是意見，得到反饋後要怎麼進一步調整，還是取決於遊戲設計師本人的判斷。

遊戲不可能滿足所有玩家的喜好

讓每位品嚐料理的人都讚不絕口的美食並不存在。既然調味時已經決定好目標受眾，反過來說，也表示已經決定放棄取悅另一群顧客。

隨著遊戲逐步成形，遊戲設計師會收到大量在調整階段體驗過遊戲的人的反饋意見。這些人可能是遊戲開發成員、上司、公司高層、客戶等。

這時候請千萬不要忘記，**決定遊戲好壞的人，是實際體驗過遊戲的玩家**。

愈靠近耳朵的聲音聽起來愈響亮，人難免會認為身邊人的意見就是一切。可是無論提供建議的人是誰，遊戲設計師都需要確認意見是否符合遊戲原本想傳遞給使用者的核心價值。進行調整時，請牢記遊戲的使用者樣貌，並致力提供顧客最棒的美味。

最有效的調整方法，就是反覆試錯

調整作業的關鍵取決於修改次數

執行調整工作時，最重要的方法就是不斷地嘗試和調整。想做好調整工作，沒有比這更有效的辦法了。

調整作業很難一次到位，大部分的情況下，遊戲設計師得針對一個一個遊戲要素反覆修正。不過，試錯和修改的次數愈多，遊戲的品質也會穩健地跟著改善。想要將遊戲調整得臻至完美，沒有任何捷徑，唯有不斷地修正而已。

多數人或許會疑惑，何必花篇幅強調這麼理所當然的道理？這其實是有原因的。就算知道做好調整工作的不二法門就是要不斷試錯，實踐起來卻非常困難。

因為在遊戲開發過程中，調整工作已經是尾端的作業，最終死線往往迫在眉睫。這個階段原本分配到的時間就不多，還得在有限時間內不斷嘗試、直到完美，可說是難如登天。雖然知道只要反覆調整就能做出更好的遊戲，但是現實總是難以如願。

不過，還是有一些方法，能幫助增加調整的次數。

事前創造能反覆試錯的環境

調整工作等同嘗試錯誤，該怎麼做才能增加反覆試錯的次數？關鍵就是要創造一個**便於反覆試錯的環境**。

即使調整的作業時間有限，如果能將試錯一次所需要的時間減半，作業次數就能增加一倍。或是單次的調整工作中，如果一個動作能夠調整兩項要素，那麼調整的要素數量就能增倍。

有時候很幸運，碰巧就能遇上可以這麼有效率作業的環境條件。但是就算不靠運氣，只要做好事前規劃，遊戲設計師就能主動創造高效率的作業環境。換句話說，遊戲設計師只要願意花苦心下功夫，創造便於反覆試錯的環境並非難事。

創造高效率的作業環境有許多方法，以下介紹幾個具代表性的方式。

加速作業的時間

最單純有效從物理方式節省單次調整時間的方法，就是**購買高級設備**。作業電腦的規格會直接地影響調整所需的工時。電腦的速度愈慢，單次調整所需的時間就會拉長。

改善設備和作業環境，是相當有效的提升工作效率的方法。例如：「從小螢幕改成使用高解析度的大螢幕」、「從單螢幕作業，改成雙螢幕作業」、「從公司的公用鍵盤，改成私人用的順手鍵盤」等。

事實上筆者在遊戲開發現場，看過作業人員用著老舊的電腦與設備，痛苦地工作著。「時間就是金錢」，沒有任何事物比時間更寶貴。建議還是要投資能提升生產力的設備，才能有效地減少工作量與成本。

自動化作業

調整作業時常需要無限地重複某些程序。假如執行一個程序需要點擊滑鼠十次，如果能將次數縮減為五次，就能省下一半的時間精力。

不要以為只是省下五次的點擊功夫，假設這項調整需要重複一百次，那麼就是省下了五百次點擊的時間精力；假設有十個人在相同環境投入調整工作，就能夠省下五千次點擊的時間精力；在上述條件下，如果總共要

自動化調整作業能省下的時間精力

10次點擊 ✕ 100次調整 ✕ 10人 ＝ **10,000**次點擊

▼▼

自動化 → **省下的時間精力**

▼▼

5次點擊 ✕ 100次調整 ✕ 10人 ＝ **5,000**次點擊

調整十個素材，就能夠省下五萬次點擊的時間精力。

俗話說「積沙成塔」，就算只是十分微小的事情，累積起來耗費掉的時間精力可不容小覷。

想要改善作業程序，必須將「手動執行的重複程序，設定為一連串的自動處理程式」。換句話說，就是要設定成批次處理，**作業程序自動化，便能縮減作業所需時間**。

素材的連動處理

假設有十個遊戲角色共通使用的某個參數需要改動，這個時候與其個別進行調整，不如設定成只要改動一處參數，就能自然套用到十個遊戲角色身上，這樣便可以加快作業速度。

如果沒有設置這種連動的變更條件，當後續要改動數值時，就必須複製貼上十次才能完成調整工作。這麼一來，遊戲設計師不僅要多花費十倍功夫，還可能出現人為作業疏失漏掉其中一個。找到素材的共通點，**事先做成連動設計，便能有效率地減少調整作業的時間**。

事前指定調整位置

調整作業通常不是想改動就可以任意改動。遊戲的結構非常複雜，即使是很小的改動，也可能會耗費莫大的成本。有時候只是變更一個地方，卻會在眾多毫不相干的地方出現連鎖反應。在這麼複雜的結構中做調整，不僅耗費時間，有時候甚至想調整也無法調整，必須重頭製作。

因此，遊戲設計師切勿進入調整步驟才告知團隊想調整的地方、或是調整的方法。**事前就應該和團隊協商，告知團隊需求**，才能避免發生上述臨時的狀況。只要事前知道後續需要調整的位置，團隊就能提早做好設置，讓遊戲設計師能夠輕鬆做調整。

最理想的狀況是事前就條列出所有需要調整的位置，但是在還不習慣作業方式時，很難在事前規劃周全。不過，光是將已知要調整的地方列舉出來，就能在實裝階段做更多準備。例如，就算只是提出「想要改變攻擊時的速度」、「想要改變投射物跟隨著對象移動的精準度」、「想要改變遊戲難易度之後，敵人的HP和攻擊力也會跟著改變」便足夠。**請小心不要陷入盲點，自己理所當然認為需要進行的調整處，有可能在別人看來並非如此**。因此，請在事前向團隊縝密地傳達作業需求。

遊戲設計師應該積極改善作業環境

市面上有許多提升作業效率的方法，本書介紹的只是其中部分的做法。關鍵還是需要遊戲設計師本人察覺問題，並考慮解決方法，仔細提案後執行。

最佳的試錯作業環境不會從天而降，而是靠遊戲設計師自己準備。如果想完美地完成調整工作，並且賦予遊戲趣味性，主動創造容易執行調整工作的作業環境十分重要。

完善的事前準備，能加速調整的效率

批次調整能夠提升作業效率

還有另一種有效的提升作業效率的方法。那就是，調整時盡量改成按批次方式進行調整。實裝完成的素材和數據，建議不要先一個一個按照順序進行調整。而是累積到一定數量之後，一次性做改動會更有效率。

可以將相關性強的素材分成一個批次，假如有十個相關素材需要調整，就等這一批十個素材都實裝完畢之後，再一次性做調整。而不是素材一實裝完成就逐一開始作業。這種作業方式因為素材之間相互有關聯，所以**作業時能大幅度提升作業的效率與精準度**。

以戰鬥時的地圖設定為例。在調整地圖時，首先需要先調整玩家在地圖上移動的速度，以及敵人移動的速度。考量到遊戲要讓玩家與敵人進入戰鬥，會需要安排敵人追擊玩家。所以調整時應該先以玩家的移動速度為基準，再跟著變更敵人的移動速度。

等確定玩家與敵人的移動速度之後，接著再考慮如何安排地圖尺寸，才能容納各個角色一起在地圖上移動。要調整出恰到好處大小的地圖，必須確認玩家從地圖的這一頭走到另一頭需要幾秒，再以此為基準慢慢調整。假如玩家三秒就能走到盡頭，那就表示地圖太狹窄；如果要三十秒才能走到盡頭，那就表示地圖太寬廣了。如上所述，這幾項要素的關聯性環環相扣。

假如在調整作業時，遊戲設計師一開頭就先調整了地圖的尺寸，若不幸這個尺寸的地圖在戰鬥時會顯得太狹窄，遊戲設計師就必須延緩玩家的移動速度。如果這麼做也無法改善，那麼遊戲設計師就必須重頭調整整個地圖尺寸。

為了避免上述事態發生，**當相關聯的素材全部完成後再一併做調整**。

如果先完成某個素材的調整，為了配合後續出現的關聯素材設定，整個調整工作很可能必須重頭來過。況且，有時候單個素材時最合適的調整方式，在這個素材與其他素材互動時，很可能就變得不再合適。

另外，如果在其他關聯素材實裝到一半時就開始進行調整，導致本來應該是正確的調整，當下卻可能看起來是不妥當的，繼而影響遊戲設計師的判斷。

因此，請等待關聯性較強的要素都實裝完成之後，再一口氣做調整，不僅能迴避上述的問題，也比較不容易出現作業失誤。

遊戲設計師應該主動創造可批次調整的環境

想要創造能夠批次調整的環境與條件，事前需要先做準備與規劃。如果只是被動地等待素材實裝完成，那麼遊戲設計師只是延緩了調整作業的開始時間而已。

想要創造批次調整素材的條件，遊戲設計師必須先掌握遊戲結構，了解哪些遊戲素材會互相影響。如此一來，便能從委託工作的階段，安排作業順序、作業時程，**控制相互關聯的素材在接近的時間點同時完成實裝**。請注意盡量不要發生九個素材都已經完成實裝，唯獨最後一個素材要等到製作的尾聲才能完成實裝的狀況，因為這會導致十個素材都無法開始進行調整。

另外建議分批次調整時，不要以「玩家角色」、「敵人角色」、「地圖」等素材資料做區分，而是以「戰鬥」、「活動事件」、「地牢攻略」、「成長要素」等遊戲情境做區分。這樣一來，遊玩測試時就能順利掌握有哪些要素需要做調整。

調整的幅度取決於事前準備的完成度

遊戲在調整階段才真正被賦予趣味性。而調整階段的試錯次數，又會直接影響調整的成效。

換句話說，**遊戲最終呈現的趣味性效果，很大程度取決於事前準備階段能否打造出有效率**

的作業環境。對遊戲設計師來說，調整工作固然很重要，但是積極地打造有效率的作業環境與條件，也同樣重要。

POINT

1. 遊戲經過調整才會開始變得有趣。
2. 遊戲的所有要素皆屬於調整的作業範圍。
3. 決定遊戲的目標客群。
4. 執行調整工作時，要能夠想像目標使用者的樣貌。
5. 執行調整工作時，最有效的方法就是不斷地反覆試錯。
6. 遊戲設計師應該積極地改善作業條件，增加試錯的機會。
7. 統整出關聯性強的要素，再一次性地做調整。

CHAPTER 4

引領遊戲開發的領導力

遊戲設計師必備的四項領導能力

”不需要領導經驗，也能具備領導能力“

遊戲設計師的「領導能力」

遊戲設計師的另一項職責

前面已經介紹了遊戲設計師要打造充滿趣味性的遊戲時，必須進行「委託」、「實裝」、「調整」三項工作程序。但是，除了這三項實務工作之外，想要打造一款有趣好玩的遊戲，遊戲設計師還背負著另一個職責。那就是「**領導能力**」。

遊戲設計師這個職位並沒有像「首席」、「經理」、「總監」、「製作人」有響噹噹的頭銜與位階，也不具備執掌任何部門的權限。然而，無論有沒有實質權力，每一個遊戲開發現場都期盼遊戲設計師能夠具備領導能力。

現實就是，即使遊戲設計師沒有相關的頭銜與權力，仍得背負眾人的期待。

遊戲製作團隊信賴著遊戲設計師

遊戲設計師既沒有領導的頭銜，也沒有實際權力，為什麼大家還期望遊戲設計師具備領導能力呢？

原因顯而易見。遊戲製作團隊執行的每一項工作，通通來自於遊戲設計師的委託。正因為遊戲製作團隊與遊戲設計師之間是接案和委託的關係，當遊戲開發成員感到困擾、遇到難關、或是想尋求幫助時，自然會想找遊戲設計師商量。

用領導能力一詞來形容或許有些生硬。實際上，團隊對遊戲設計師的期許，正是**希望遊戲設計師能成為團隊成員們信賴的對象**。

帶領團隊走在沒有正確答案的道路

遊戲製作團隊期待遊戲設計師擁有的領導能力究竟是什麼？這與遊戲開發本身有密切相關。就如同〈**遊戲開發的真相是費盡苦心卻連八十分都拿不到**〉（p33）所述，遊戲是一種製作中途可能就突然終結的困難度極高的娛樂作品。

遊戲開發並沒有標準的「設計圖」，無法保證只要做到哪些內容，就能做出一款遊戲。以航海來比喻，遊戲開發就像是在茫茫大海中前往未知的目的地。即使不知道正確的航道，團隊仍必須一起往前邁進。

在航向目的地的過程中，遇到意料之外的課題和困難是家常便飯。就算路程順遂如意，每個人的心底還是會湧起不安，懷疑起「選擇這條路真的沒問題嗎？」。

在這條困難重重的路途上，遊戲製作團隊難免會期望有一個人能夠從精神上、物理上引領大家邁進，告訴團隊：「就往這條路走吧！」、「走這條路準沒錯！」、「就用這個方式克服問題吧！」。這就是為什麼遊戲製作團隊會期望遊戲設計師具備領導能力，並且成為團隊中的精神支柱。遊戲設計師如果只關心自己的份內工作，當然無法滿足團隊的期許。所以**遊戲設計師的職責，除了要做出具有趣味性的遊戲，還必須兼顧在遊戲開發現場發揮領導能力**。

不需要領導經驗也能培養領導能力

遊戲設計師必須具備的四項領導能力

遊戲製作團隊期許遊戲設計師具備的領導能力，涵蓋的領域非常廣泛。除了期盼遊戲設計師能夠熟知遊戲的一切、掌控開發流程，還希望遊戲設計師懂得為人處世、與團隊有良好溝通交流，並且能在團隊遇到困難時提供協助和諮商。

遊戲設計師所背負的眾人期望，其面向太過多元廣泛，無法在這裡一一列舉出來。不過，其中尤為重要的關鍵能力整理成以下四點：

■能力1：客觀審視遊戲的趣味性

當遊戲製作團隊對於能否製作出有趣的遊戲而感到躁動不安時，要從客觀角度給予意見，消除團隊的不安。

■能力2：決策能力

遊戲開發過程中遇到各種懸而未決的事項時，能夠快速做出決策，推動製作進度。

■能力3：解決問題的能力

能夠幫助團隊及早發現各種問題、提供解決方案，並且建立預防機制。

■能力4：溝通能力

成為人與人之間的橋樑，讓遊戲團隊成員間的溝通交流能夠和諧順暢。

遊戲設計師必須具備的4項領導能力

1 客觀審視遊戲的娛樂性

2 決策能力

3 解決問題的能力

4 溝通能力

任何人都能輕鬆擁有領導能力

想要順利引導遊戲製作團隊前進，領導能力可說是至關重要。不過，遊戲設計師該從何學習這些關鍵能力？

多數人認為要實際坐上管理階層的位置，才有機會學習領導能力。但是遊戲設計師並沒有管理的權限，因此無法從實務工作中自然接觸並學習到相關能力。

然而，就算沒有領導經驗，也有方法能夠學習領導能力。後續將針對遊戲設計師必須具備的四項關鍵能力，個別介紹學習方法。

POINT

1. 遊戲設計師必須具備領導能力。
2. 遊戲製作團隊信賴著遊戲設計師。
3. 遊戲設計師除了要具備遊戲相關的領導能力，還需要具備其他多元的能力。
4. 沒有領導經驗，也能培養領導能力。

「客觀審視遊戲娛樂性」說話會更有說服力

”貫徹客觀觀點，自主做出最終決斷“

想打造有趣的遊戲，必須擁有客觀的觀點

遊戲設計師必須具備「說服力」

遊戲開發到一半，在看不到目的地的時候，團隊難免會陷入自我質疑，擔心遊戲是否真的足夠有趣。實際上遊戲要進入到調整階段，才會被賦予趣味性。而這個階段通常都是遊戲開發的最後階段。換句話說，**以年為單位進行的遊戲製作的大部分時間裡，遊戲製作團隊都無法確認遊戲是否真的能夠變得有趣**。只要遊戲一日未完成，整個團隊包含遊戲設計師，沒有人能夠確認遊戲最終的樣貌。

可惜目前沒有任何方法，讓我們在事前就確保遊戲絕對會很有趣。也因為如此，遊戲設計師做為素材委託者，能否堅定地相信這麼執行就會成功，則十分重要。同時，遊戲製作團隊也必須擁有同樣的信念。

這也代表遊戲設計師必須有能力說服團隊相信，自己設想的內容絕對很有趣。**而想要擁有這種「說服力」，關鍵就是要具備「客觀的觀點」**。

複雜多元的主觀意見會阻礙「客觀性」

遊戲設計師必須具備的客觀性，是指遊戲設計師能否**客觀地評斷遊戲的趣味性**，並用**客觀的方式告知遊戲製作團隊**。

「客觀地評估遊戲的趣味性」乍看之下似乎很簡單，執行起來可沒那麼容易。在看待自己付出心力想出的創意點子、和花費時間執行的企畫時，難免會帶入個人的情緒。這些情緒誘使我們只看得見自己想看到的結果，並且影響判斷基準和分析結果。情緒也會反映在對話內容，導致無法給予客觀的意見。

用實例闡述主觀意見

如果能夠保持客觀的態度，就可以減少「這麼做比較有趣」、「這個方式更好」、「我比較喜歡這麼處理」等主觀的說話方式。取而代之，使用實例來說服對方，例如：「因為○○原因所以必須這麼製作」、「因為△△原因所以遊戲會變得有趣」、「因為□□原因所以更符合玩家喜好」。在和遊戲製作團隊溝通時，這種舉出實例的溝通方式，會更具有說服力。

舉出實例不僅可以加強說服力，同時也能**幫助遊戲設計師自我驗證**，這麼做是否真的可以變得有趣。

在思考如何打造有趣的遊戲時，一開始的契機難免會包含個人主觀的觀點，這並不是太大的問題。不過在向他人說明理念時，建議盡量摒除主觀的個人看法。最理想的做法是，在說明時搭配客觀的具體實例。

建立客觀觀點的三項道具

要求完全不帶個人私心去看待事物，是非常困難的事情。尤其當我們面對的是自己煞費苦心發想的創意點子與企畫，更是難上加難。

也不要異想天開某天會突然開竅，自然地就能擁有客觀的觀點。通常需要經過反覆練習，才能慢慢熟悉這種作業方式。有三個關鍵道具，能幫助你快速建立客觀觀點：

- **畫面對決**
- **調查「使場」**
- **第三者的觀點**

這三種道具能幫助遊戲設計師將個人意見，轉換成客觀的感想。人很難完全擺脫主觀的意見，但是只要活用以下的方法，就能快速地擁有客觀的觀點。

客觀觀點的道具1「畫面對決」

客觀地觀賞遊戲畫面

第一項道具就是「畫面對決」，也就是將遊戲客觀地「觀賞」一遍。

家用主機遊戲、智慧型手機遊戲等電子遊戲，無論遊戲內容為何，玩家遊玩時都是用雙眼透過電視或螢幕觀看遊戲畫面。除了玩遊戲會看到遊戲畫面之外，透過刊載遊戲資訊的網頁與雜誌、宣傳影片、遊戲實況，有各種方式能看到部分的遊戲影像。

遊戲畫面是玩家和遊戲的重要銜接點。玩家將依據遊戲畫面呈現的內容決定遊戲的評價。如果在遊戲開發中途就能夠客觀地觀賞遊戲畫面，便能事前判斷哪些地方做得好、哪些地方還需要改善。所以，請務必嘗試看看「畫面對決」。

和競爭對手的遊戲畫面大對決

「畫面對決」的做法非常簡單。

首先，請從自己團隊製作的遊戲中，**選取需要客觀觀賞的地方**。可以選擇遊戲中的任何要素，例如：「遊戲角色」、「整體遊戲畫面」、「武器」、「必殺技」、「對話場景」。選好之後，請設定一個「**想超越的競爭對手**」，並具體羅列出想從哪些地方超越這個對象。例如：「想創造更棒的角色動態」、「想打造更加華麗的畫面」、「畫面中的敵人怪物數量要比這個遊戲更多」等。無論選擇什麼做比較都可以，只要明確地設定想要超越的項目是什麼即可。

這個競爭對手不需要侷限是遊戲，只要有畫面能夠做對照，無論選擇電影、戲劇、動畫、漫畫、網路圖片、自己拍攝的照片，通通沒問題。

決定好競爭對手之後，請**將自製的遊戲畫面與競爭對手的畫面放在一起比較**。對比之後，很快就能掌握自製遊戲的現況。透過這個方式每個人都能清楚地看出，自製的遊戲是否真的有比競爭對手「動態做得更帥氣」、「畫面更加華麗」、「畫面中的敵人怪物數量明顯更多」。如果比較之後成果不遜於競爭對手，就表示遊戲成功過關。反之，就表示遊戲仍有不足之處。

在有比較的對象之後，你會發現許多缺陷自然而然地浮現出來。例如明顯遜色的地方、雖有不足但難以言表的地方、製作時曾心存僥倖的地方。比較之後，團隊勢必能夠感受到殘酷的事實。

但是透過畫面對比，能促使遊戲設計師與遊戲製作團隊成員察覺遊戲的不足之處。每個人對於遊戲的問題有共識之後，才能一起做出改善。

實際比一比，再依據比較結果判斷遊戲成果。這就是活用「畫面對決」並且取得客觀觀點的方法。

藉由對決結果，面對客觀現實

當我們以玩家觀賞的遊戲畫面為基準，取得客觀結果後推進遊戲開發，自然而然就能轉換成玩家的視角，例如：「從玩家的角度來說，○○會這樣呈現，所以應該更動△△項目」。另外，這個方法還能幫助遊戲設計師在與團隊溝通時，脫離個人的主觀意見。

請留意，如果放任主觀意見彼此直接衝撞，很容易發展成雙方的意見變得對立。最終雙方只是在相互否定或攻擊而已。從客觀觀點研究遊戲的不足之處，不僅是為了打造優質的遊戲，也是為了**促進遊戲製作團隊使用圓滑得體的方式相互溝通**。

客觀觀點的道具2
「調查『使場』」

「使場」和「市場」

接下來，說明遊戲設計師該如何客觀地觀察自己的思緒與腦內想法。也就是，**活用「使場」來思考**。

在形容產業界、使用者傾向等經濟活動時，時常會聽到「市場」一詞。不過，這裡要介紹的不是「市場」，而是「使場」。

使場＝事前預測玩家玩遊戲的模樣

首先，先介紹「市場」與「使場」的差異。

開發遊戲的過程，時常會遇到需要考量市場的情況。例如要評估「目標使用者的規模」、「類似遊戲作品的實績」、「流行的遊戲領域與平台」、「遊戲相關排行榜的現況」，或多或少會因此接觸市場的相關資訊。

對遊戲設計師來說，掌握市場資訊非常重要。可是筆者認為更重要的是掌握「使場」。使場的意思正如字面所示，代表「使用的場面」。

遊戲設計師與其關注「市場＝Market」是否會接受這款遊戲，不如關注玩家如何看待「使場＝使用、體驗遊戲的場面」。對於每天面對遊戲使用情境的遊戲開發現場來說，後者的觀點更是至關重要。

在玩遊戲的不是市場，而是玩家。所以，對於致力創造遊戲趣味性的遊戲設計師來說，使場比市場重要多了。換句話說，**遊戲設計師必須能夠想像玩家實際玩遊戲會是什麼情形**。在遊戲開始製作的階段，愈能精準地想像玩家體驗遊戲的反應，愈有機會打造出玩家喜歡的遊戲。

請與腦內的虛擬玩家自問自答

要考慮到使場，表示遊戲設計師必須能夠想像出

「使場」與「市場」的差異

使場		市場
玩家實際遊玩的模樣	＞	遊戲的市場資訊

對遊戲設計師來說，

「使場」比「市場」更重要

遊戲的最終成品，並預測玩家玩遊戲的結果。也就是說，這是相當考驗遊戲設計師想像力的工作。遊戲設計師只能在自己的腦袋裡想像遊戲的模樣，並且不斷地自問自答。

突然要求大家在大腦的茫茫思緒中，發揮想像力並且進行自問自答，其實十分困難。筆者有個方法可以協助大家，如何模擬玩家遊玩的情境。請試著依照下述三個步驟，想像玩家體驗遊戲的模樣。

1. 選定一位玩家

2. 限制遊玩的內容

3. 遊戲時間限定三十秒

分別說明每一個步驟的細節。

想像使場的步驟1　選定一位玩家

首先，必須要能夠**想像一個貼近真實人物的玩家**。僅僅是模糊地想像玩家形象是「符合遊戲目標的使用者」、「二十歲左右的就業男性」，還遠遠不夠。

請將玩家設定成一個不是自己，但是最貼近目標使用者的真實人物。這個人可以是認識的人、朋友或家人。如果周遭沒有符合目標使用者的人物，就找最接近、或者相似目標使用者的人也無妨。重點是，這個人必須是具體存在的人物。

想像使場的步驟2　限制遊玩的內容

請列出想要玩家具體遊玩的項目，再想像玩家會產生何種反應。當然，突然就要求想像目標玩家對整款遊戲的反應，因為牽涉的範圍太廣泛，很難精確地掌握玩家的反應。

建議**從小的項目逐一進行想像**，例如：「開頭畫面的設計」、「玩家角色的必殺技」、「Boss的巨大體型」，再想像玩家的感想。反覆幾次後，最後就能夠掌握目標玩家的偏好，並且套用到整個遊戲製作上。

想像使場的步驟3　遊戲時間限定三十秒

完成玩家的樣貌、和設定想模擬的遊玩項目之後，接著，便是想像玩家玩遊戲時可能出現什麼反應。

這時候請**限制想像的時長**，請勿漫無目的地思考，建議設定三十秒就足夠了。短暫的想像時間，能夠有效地限縮想像的反應範圍，得到具體的模擬結果。換句話說，可以從這個情境下產生的模擬結果，得知遊戲需要克服的課題。

依照自問自答的結果找出遊戲的課題

完成上述過程後，請將想像的結果好好彙整。依據結果的不同，必須採取的下一步措施也將截然不同。分別針對三種狀況簡要說明。

第一，假設**無法順利想像出玩家的反應時**。

想像使場需要熟能生巧。建議設定一個盡量貼近真實人物的玩家樣貌，後續想像玩家反應時比較容易進入狀況。請先摸索出自己比較容易模擬的人物，再延伸想像這個人會有的反應。簡單來說，請在內心設定一個真實並且具體的玩家樣貌。

第二，假設想像之後，發現**玩家的反應並非預期的反應**。

這種情況通常主因出在玩家身上，因為玩家覺得遊戲不夠有趣，馬上就厭倦了；或是不符合偏好所以對遊戲毫無反應。想要設計出引起玩家正面反應的遊戲，請仔細地分析腦海中的玩家樣貌、及考慮玩家的需求，進而找出遊戲不足之處。

第三，假設想像之後，發現**玩家的反應恰如預期**。

請分析想像結果中，玩家是對什麼要素產生正面反應、為什麼遊戲的處理方式能夠大獲成功，並將分析結果用文字整理出來。細心地累積這些紀錄，反覆幾次後，遊戲設計師內心的使場就會愈來愈具體。

遊戲正式發售後，請回頭檢視這些文字紀錄，確認玩家的反應是否正如當初想像一樣。這麼做能夠幫助遊戲設計師鍛鍊想像使場的能力，也就是說，將想像的結果記錄成文字是很有幫助的方法。

遊戲設計師要想像使場時，以上的建議僅僅是可以採行的方法之一。不過要能夠熟練使場的想像思考，還是需要熟能生巧。建議套用上述的公式，反覆練習如何想像出具體的使場。

使場能夠幫助團隊成員溝通

這種進入想像世界，在腦海自問自答取得的模擬成果，就會成為**客觀的假說**。

精準掌握遊戲的使場思考之後，將會發現不會再一味地提供主觀意見。反而能有一套客觀的看法，分析玩家玩遊戲之後可能會產生何種感想。「這部分會引起玩家的共鳴，所以絕對要用〇〇方式處理」，這種建言不是從遊戲設計師的偏好、或是自我主張延伸而來。對遊戲製作團隊來說，聽起來會更有說服力。

如果能從客觀的觀點與遊戲開發成員溝通，就能促進遊戲設計師與遊戲製作團隊之間的溝通更順暢。

客觀觀點的道具3「第三者觀點」

借助旁人的力量，建立客觀的觀點

最後，要介紹建立客觀觀點最簡單的方法，那就是向外界求助。

請從「同事」、「主管」、「前輩」、「後輩」、「遊戲開發成員」等可以一起討論開發中遊戲內容的成員之中，挑選不會直接參與工作事項的第三者，諮詢他們的意見。

「第三者的觀點」是最容易取得客觀意見的方法。雖然簡單，但這個方法並不是萬無一失。事實上，應該**謹慎使用這個方法，否則可能會是雙面刃**。因為如果沒有正確消化來自旁人的客觀意見，有時反而會釀成大禍。以下介紹如何善用旁人的觀點。

積極尋求旁人協助

如同在〈**圍繞著遊戲目標進行溝通**〉（p137）的小節所述，遊戲設計師應該積極尋求旁人的協助，才能有效地推動工作。

對遊戲設計師來說，成果才是一切。所以不需要過度執著**成果是否皆由自己完成**。如果太過於執著，反而會陷入盲點；無法和其他人商量，只會讓遇到的問題呈現膠著狀態。

只要能夠打造具備趣味性的遊戲，不必太拘泥方法。請視需求積極借助外在的力量，聆聽旁人的意見並且獲得協助。

聆聽意見，但是保有決策權

借助外界的力量時，請留意，**做決策的人還是遊戲設計師自己**。

諮詢他人時，一定會收到各式各樣的意見；換句話說，借助他人的力量，能從中收穫多樣的創意與靈感。尤其來自截然不同視角的觀點和意見，會更覺得獲益良多。也因此很容易採納這些他人的建議。

這時候請務必留意，聽取他人的建議和交由他人判斷是兩回事。無論是聽取什麼建議、採用了誰的創意，最終還是應該由遊戲設計師自己做出選擇。並且，與遊戲開發成員溝通時，遊戲設計師要將這些意見轉換為自己的話語。

在溝通時，如果遊戲設計師總是表達：「因為○○這麼認為」、「△△提議了□□點子」。雖然傳達了事實，但這並不是正確的溝通方式。因為這麼做只會讓人認為遊戲設計師放棄了思考和做決策的權力。

做決策的人自始自終都是遊戲設計師，**遊戲設計師必須對自己的選擇負起責任**。所以，建議溝通時能夠轉換成：「我認為○○提出的創意非常優秀，所以決定採納」這種說法。

昇華他人的意見

聽取他人的意見，可以輕鬆取得客觀的觀點。困難的是如何善加利用。

遊戲設計師應該好好地消化外在的意見，精選出合適的內容，再轉換成自己的想法，**最後用自己的話語將意見傳達給遊戲製作團隊**。融合外界的觀點轉換成自己的意見，便能提供遊戲製作團隊更具說服力的建議。

POINT

1 客觀的觀點才具有說服力。

2 「畫面對決」：比對自家與競爭對手的畫面，取得客觀結果。

3 從客觀意見切入討論，使團隊溝通更加圓滑順利。

4 「調查『使場』」：想像玩家玩遊戲的模樣，取得客觀結果。

5 依照自問自答的結果，建立客觀的假說。

6 「第三者觀點」：借助他人的力量，建立客觀的觀點。

7 將他人的意見昇華成自己的概念。

「快速決策」能推動遊戲製作進度

”遊戲設計師的一天，是由一連串的決策組成“

遊戲設計師時常得要「做抉擇」

「懸而未決」會引起遊戲團隊不安

遊戲開發過程中，最容易引起遊戲製作團隊不安或不滿的問題有兩個。一個是「怕開發的遊戲不夠有趣」，一個是「事情總是懸而未決」。

懸而未決的可能狀況非常多，例如：「這個可以交件了嗎？」、「可以按照這個方式處理嗎？」、「交期是什麼時候？」、「該從哪個地方開始？」。最棘手的是，在遊戲問世、玩家實際遊玩之前，沒有任何人能保證遊戲絕對有趣。

可是遊戲開始製作之後，總是會面臨各種抉擇，如果**不下決策做判斷，遊戲製作根本無法往前邁進**。

無論哪一種遊戲內容和開發方式，遊戲設計師每天都必須做出各種決策。日復一日，遊戲開發現場會出現或大或小待決定的事項。所謂的遊戲就是從一連串的決策，慢慢堆積成型。

「做不出決策」會影響遊戲開發進度

遊戲設計師不下決策、或是不表示意見，不僅會**讓遊戲製作團隊感到不安，同時也會影響遊戲開發進度**。

舉例來說，如果某項素材一直無法確定可以完工交件，那麼後續如果需要修改時，該素材的修正作業也會往後推遲。也就是說，工作進度被推遲，分配給該素材的修改時間就會縮短。何況作業時間縮短，不代表必須做的工作會跟著減少。為了在有限的時間內消化工作，作業人員變成必須加班到半夜、或是週末也得上班。有時甚至導致原先進行中的工作只能半途而廢。

遲遲不做決策造成工作進度被推遲，相關的風險就會提升。因此，遊戲設計師面對各種待確認事項時，請務必盡快做出決斷，才能推動遊戲製作繼續前進。

遊戲設計師的一天是由一連串決策組成

實際加入遊戲製作團隊之後，很快會發現，**遊戲設計師的每一天，就是由一連串的決策組成**。遊戲團隊每天都需要遊戲設計師做出各種決定。

其實總監才是應該肩負起決策職責，並且負擔所有責任的人物。但是從現實層面來說，遊戲開發過程會有各式各樣必須做出抉擇的事情，很難要求總監每天在現場毫無遺漏地處理問題。因此，就演變成遊戲設計師必須在遊戲開發現場，擔任推動專案進度的角色。

剔除影響做不了決策的因素

做不出決斷的原因很多，視遊戲專案的內容和開發情況，會出現形形色色的困難。而且這些困難，還會每時每刻不斷地變化。因此，遊戲設計師必須找到一套應對方法，才能夠面對各種挑戰，並且迅速做出決策。

要能確實地下決策，建議可以試著剔除影響決策的因素。只要盡量減少做不了決策的因素，就能加快做決定的速度。針對這個問題，筆者整理了三種有效的應對方式方法。

- Quick & Dirty
- 底線
- 分散壓力

加速決策的方法1「Quick & Dirty」

資訊不足，就無法下判斷

無法快速下決策的其中一個主因，通常來自於對狀況認知不足的不安。「資訊不足，無法下判斷」、「沒有事前調查，無法做決定」、「尚未親自驗證，所以難以確認」。當我們因為上述各種問題未能徹底掌握現狀時，自然就無法快速地做出決斷。

多數人可能會認為既然要做抉擇，事前必須掌握正確的資訊。這句話雖然很有道理，但是面對遊戲開發過程中的各種狀況，這麼做並不見得能引導至正確的結果。

有時候即使只有片段的資訊、甚至對狀況認知有誤，但**只要快速做決策，專案反而會進行得很順利**。

遲遲不做決策比做出錯誤的決策更糟糕

有時候遊戲會因為做不出決定而面臨生死關頭。以智慧型手機的營運型遊戲為例，基本上，營運型遊戲的玩家無論何時都可以登錄遊戲，換句話說，營運型遊戲就像是二十四小時營業的商家，無論何時都會有玩家進到店裡。在這種狀況下，**「放置不處理」比起「不正確的決策」會引起更嚴重的問題**。

當二十四小時營業的店家出現問題時，即使沒有辦法用最完美的方式處理，只要快速推出應對措施，至少可以稍微改善狀況。如果只是兩手一攤什麼也不做，那麼問題不僅不會消失，還可能隨著時間讓事態惡化。接著，變成要了解惡化的最新現況，又得花時間蒐集資訊，可能又會因為時間流逝導致惡化程度再次升級……不自覺就陷入惡性循環之中。

這種狀況不僅會出現在營運型遊戲，在遊戲開發過程也是如此。每天遊戲製作的進度都在不斷地往前推進，如果放任問題不解決、或是遲遲不做決策，時間拖延得愈久問題就會更嚴重。

學會在狀況不明確時也要做出決策

業界有一句話「Quick & Dirty」，意思是應該盡快做出雛形，即使成品完成度不高也沒有關係。馬馬虎虎也沒關係，速度才是一切。**決策的關鍵就是速度**。

想要快速地做決策，就必須學會「在狀況不明確時也要能做出決策」。換言之，遊戲設計師要有所認知，本來就不可能徹底掌握所有狀況，即使手握的資訊不足，也必須做出決斷。

這時候最有用的概念就是「**帕雷托法則**」。帕雷托法則是義大利的經濟學家帕雷托提出的理論，又叫做「80／20法則」。

這個理論認為大部分的結果，是源自整體裡的小部分要素。具體來說，假設整體的銷售額是一〇〇%，那麼銷售額有八〇%的產值來自於二〇%的要素；剩餘二〇%的產值來自其餘八〇%的要素。換句話說，只要掌握關鍵的二〇%要素，就能取得八〇%的成果。

這個理論也適用在遊戲開發。假設構成遊戲的要素是一〇〇%，那麼遊戲八〇%的趣味性來自於二〇%的要素；剩餘二〇%的趣味性來自其餘八〇%的要素。

做不出決策的人，因為堅持必須要

帕雷托法則（80／20法則）

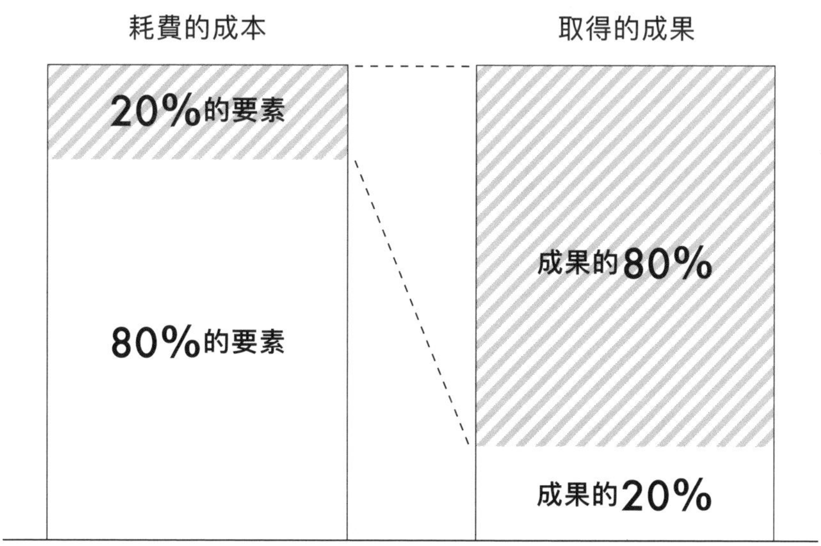

拿到一百分。他們只有在能夠取得一百分成果時，才會展開行動。

想要快速做決策，就在於找出可以創造八〇%成果的二〇%要素。也就是說，只要先確認那個關鍵的二〇%，接著再處理剩餘的八〇%，最終還是能取得一百分的成果。

至於要找出這二〇%的要素，必須先將做為判斷依據的所有遊戲要素排列出來，分類成「創造八〇%成果的二〇%要素」與「創造二〇%成果的八〇%要素」。請務必確實分類，直到結果比例呈現八：二。

另一個方法是，以總分一百分別給各個遊戲要素評分。假設總共有十個遊戲要素，分別進行評分。不可能每個要素都拿到十分，一定會有的遊戲要素得到的分數較多、有的分數較少。根據每個要素取得的分數，就能找出遊戲的關鍵要素。

在面臨待解決的問題時，同樣可以採用這種方法處理相關資訊。只要取得關鍵的二〇%資訊，等於掌握了足以做決策的八〇%的資訊。也就是說，只要**掌握最精華的二〇%的關鍵**，遊戲設計師便能以極快的速度做決策。

人只看得見機會之神的瀏海

有一句諺語是「人只看得見機會之神的瀏海」。這句話引申的意思是機會稍縱即逝，錯過就不再來。

在資訊不明時就得下決策，雖然令人不安，但是**如果有時間停在原地煩惱，不如馬上採取行動**。請養成一個觀念，不要花時間追求完美的成果，即使處置方式稍微粗糙也無妨，請立即展開行動，

加速決策的方法2「底線」

一直想像失敗的狀況，自然難以下決策

讓人無法下決策的另一個因素，通常是因為擔憂事情會往壞的方向發展。例如：「如果我的判斷有誤該怎麼辦？」、「如果事情往壞的方向發展怎麼辦？」、「是否有更好的處理方法？」

遊戲開發過程因為沒有標準答案，加上看不見終點，所以總是被各種不確定的因素纏繞。遊戲製作過程難免有時順利、有時不順利，固然我們致力在每個當下做出最好的選擇，但是常常會**因為擔憂事情無法如願發展，導致選擇無所作為**。更諷刺的是，隨著時間流逝而讓問題變

得更加嚴重。

想要盡快下決策，就必須學會控制自己的焦慮。

請正視自己的不安

要控制自己的焦慮，必須理解焦慮從何而來。**焦慮往往來自於擔心事情會事與願違**。期待愈大，對於事情能否如期待發展的焦慮就會更加深刻。

基本上遊戲設計師的工作，是將想要實現的事項委託遊戲製作團隊完成。換句話說，大部分的情況下即使遊戲設計師想要努力，也無法對事態有任何幫助。因為在發生最糟糕的情況時，也無法一個人獨力解決。所以遊戲設計師本來就是容易陷入焦慮的職位。

正因為如此，更需要學會正視自己的不安，並且迅速做出決策。

期望過高，容易引起不安

在學習正視不安的方法之前，首先要擁有一個觀念。也就是，遊戲設計師在委託素材的階段，**一百分的作品只存在於想像**。實際上，**絕對不可能做出完全符合想像的滿分作品**。

這並不是認為遊戲製作團隊的能力不夠，所以不可能做出完美的作品。單純是因為遊戲設計師在腦海裡可以天馬行空地想像完美的作品，但是從現實層面來說，很難製作出超越想像狀態的作品。

在這個前提下，期待做出一百分的作品這件事本身就是異想天開。對於無法實現的不切實際問題感到不安、甚至花費時間思考解決方法，是相當無意義的行為。

筆者完全理解遊戲設計師想追求完美的心情，但是這種不切實際的期望，對於遊戲設計師以及必須完成委託的作業人員來說，一點意義也沒有。

加分的思考方式

有一個方法能夠阻止陷入追求完美成果、或是不切實際想像的思考陷阱。

那就是轉換思考法，也就是，**不要認為「遊戲沒有一百分就不有趣」，應該認為「只要超過及格分，遊戲就足夠有趣了」**。

及格分的基準就取決於「底線」。底線是指最糟的情況下必須守住的防線。只要守住防線，即使遊戲的其他地方一團糟，也不會對遊戲造成太大的影響。

遊戲設計師唯一能做的努力，就是確保遊戲在達到底線時便已經足夠有趣。例如：「這個地方雖然來不及完成，但是遊戲還是能成立」、「即使數量不足，也已經足夠好玩」。遊戲設計師應該事先考慮底線，確保在各種壞事疊加的情況下，遊戲還是足夠有趣。

基本上，遊戲不可能只求達成底線而其餘什麼事都不做。設置底線只是要預想最糟糕的情況，確保當問題發生時，遊戲設計仍能保障遊戲最低限度的趣味性。換句話說，關鍵在於執行遊戲設計時，不需要追求滿分，然後一遇到問題就扣分。而是轉換成從底線往上加分的思考模式，用正面的心態面對不安。

掌握遊戲趣味性的核心

每一款遊戲的底線必須視遊戲專案的內容與狀況而定。想要正確地設定底線，在於掌握遊戲趣味性的組成要素與**核心位置**。

要找出趣味性的核心，必須先確認成就遊戲趣味性的「必要要素」、「關鍵要素」、「有了會更好的要素」，再從中篩選。

假設只能保留一種要素，會選擇保留哪一個？如果要選出遊戲最重要的三項趣味性要素，會選擇哪三個？篩選的方式並沒有限制，重點是必須從成就遊戲趣味性的要素中做出篩選，才能找出遊戲趣味性的關鍵核心。

只要做好面對最糟糕狀況時的事前準備，無論面對什麼問題，遊戲設計師都能勇敢地做決策。就讓我們以一百分為目標，從底線踏實地往上累加分數吧。

加速決策的方法3「分散壓力」

因為心理負擔，無法快速下決策

還有一個讓遊戲設計師難以下決策的原因。那就是，有時遊戲設計師會對於面對的問題本身產生心理負擔。

雖然清楚必須盡快下決定、心裡也有意付諸行動，甚至內心也一直在思考該怎麼解決問題，但是等到**真正需要做決策時，卻因為心理負擔而什麼事情也做不了**。

需要遊戲設計師做出決策的情況，大多是在緊急關頭，或者出現問題需要遊戲設計師出面主持大局時，也因此，遊戲設計師難免會感受到沉重的心理壓力。在這種關鍵時刻，遊戲設計師自然會對做決策感到負擔，同時就更難採取行動。

筆者完全能理解在這種高壓的狀態下，遊戲設計師會對做決策遲疑不決。但就像前面所述，處理延宕往往會引發更嚴重的問題。這會導致遊戲設計師必須面臨更糟糕的狀況，並承擔更龐大的壓力。

究竟如何減輕心理的負擔？那就是，**事先規劃如何做出決策**。

在決策時刻降臨之前，先決定如何做決策

要決定的事情愈多，遊戲設計師決策時的心理負擔就愈重。同樣地，需要決策的問題規模愈大，做決策的壓力也會愈大。

如果想在面臨決策時刻時，最大限度減輕內心的心理負擔，就應該在遇到狀況之前，事先做好相應的準備。換句話說，就是事先想好「如果遇到○○狀況就這麼做」、「□□發生問題時就那樣處理」。事前準備愈充分，就能避免關鍵時刻才開始焦慮如何解決。只要減少遇到問題時才開始尋找解決方案的情況，便能有效地減輕遊戲設計師做決策時的負擔。

其實這種做法只是在準備階段預先思考可能會遇到的困擾，所以事實上，遊戲設計師整體承擔的負擔並沒有減輕，只是將負擔分散到各個時間點而已。

不過光是這麼做，**遊戲設計師在面對關鍵決策時刻便能夠從容應對**。

事先準備決策清單

至於下決策的事前準備，祕訣是條列出一張清單。

清單內容可以是「開發進度落後時，應該先剔除哪個遊戲要素」、「遇到緊急狀況時，應該先和誰聯絡」等，請將需要事先準備的事項整理成清單。將預設好的內容以文字留存，面對

決策的關鍵時刻心理會更踏實。

隨著遊戲製作進度繼續推進，遊戲設計師必須決策的事項也會增加。請視狀況**持續更新清單內容**。清單內容愈豐富，遊戲設計師的工作Know-how也會隨之增加，未來讓遊戲設計師感受到心理負擔的關鍵時刻便會跟著減少。

POINT

1. 「做不出決策」，會讓遊戲開發產生問題。
2. 剔除做不出決策的原因，便能減輕決策時的負擔。
3. 「Quick & Dirty」：在狀況不明確時也應該做出決策。
4. 「帕雷托法則」：掌握二〇%的資訊解決八〇%的問題。
5. 「底線」：採取加分的正面思考方式。
6. 找出遊戲趣味性的核心。
7. 「分散壓力」：事先設想好必須決策的事項。
8. 將事先準備的決策事項整理成清單。

增加「解決問題」時的選擇

”遊戲設計師必須隨時抱持著捨棄一切的覺悟“

遊戲開發不順遂是家常便飯

永遠都要先未雨綢繆

如同〈**遊戲開發的真相是費盡苦心卻連八十分都拿不到**〉（p33）所述，遊戲是一種極難完成的娛樂作品。打造富有趣味性的遊戲很困難，但是歸根究柢，無論是哪一種形式的遊戲，光是要製作完成並推出市面就已經難如登天。

製作一款遊戲動輒耗費數年，而且依照遊戲專案的規模，參與的工作人員可能會達數百名。因此，遊戲開發過程難免會發生各種大大小小的問題。即使事前悉心做好工作準備、或是預先排演對策，遊戲製作不一定會按照期望發展。即使遊戲製作團隊經歷千錘百鍊，仍會遇到無法預期的問題。

所以開發遊戲時，應該以任何問題都可能發生為前提，**安排預防對策，並且做好解決問題的事前準備**。

遊戲製作團隊各方面都需要依靠遊戲設計師

遊戲遇到五花八門的問題時，應該找誰幫忙，並且如何解決問題？

遊戲不像學校的考試，每個問題都有標準答案。所以無法光靠努力就能夠找出正確的處理方法。因此，遊戲製作團隊必須在不知道策略是否有效的狀態下，持續尋求合適的解決方式。於是，更加期盼遊戲設計師能夠扮演引導的角色。

「○○的設計是什麼？」、「□□應該怎麼處理？」、「△△這樣可以過關嗎？」，遊戲設計師不僅會遇到遊戲內容的相關疑問，也會遇到遊戲製作方法、或是工作執行方向等課題與諮詢。

一般來說，這些問題應該找首席、經理、總監、製作人等職位的人解決。但是如果每次都要找到對應的人處理，工作將無法順利運轉。在遊戲開發現場，**發生問題就應該快速解決，所以速度與靈活應變是關鍵**。此時，遊戲設計師便是擔任快速決策的角色。

知道愈多解決問題的方法，能應對的問題範圍更廣泛

世界上存在著許多解決問題的方法。先暫時跳脫遊戲開發的領域，事實上古今中外有許多書籍系統性地介紹了各種解決問題的技法。只要在網路下關鍵字「解決問題」搜尋，就會出現

許多推薦的書籍。

這些書籍介紹的解決問題Know-how，對遊戲開發也有莫大的幫助。即使**沒有親身體驗過遊戲製作，通過書籍也能學到許多解決問題的方法**。想成為遊戲設計師，請務必廣泛學習這些實用的Know-how。

解決問題的方法就好比是數學公式。要解題的時候，知道的公式愈多，能夠解開的題型就愈廣泛。

市面上有許多解決問題的Know-how，只要熟知這些方法，能夠排除的問題類型就愈多，並且處理問題的速度和精準度都會提升。事前未雨綢繆，就能夠減少事到臨頭才在煩惱問題如何解決的情形，自然而然就可以節省解決問題的時間。

大部分的遊戲問題，都會因為時間的流逝變得愈加嚴重。因此，如果能夠不用煩惱而快速解決問題，便可以避免災害擴大。

以下介紹對遊戲設計師來說格外實用的三個問題解決方法。

- **最糟的狀況**
- **儲存點**
- **邏輯樹狀圖**

問題解決方法1「最糟的狀況」

面對問題初期階段的態度是關鍵

預防問題發生的措施非常重要。悉心做好預防對策，一定能有效減少問題發生。我們不可能徹底杜絕問題發生。既然無法避免問題永遠不發生，那麼，「問題發生的初期階段所抱持的態度」便非常重要。

如果不想因為預期之外的狀況而陷入慌亂，就應該盡早察覺並掌握出現的問題。這時的**應對關鍵就是在問題發生的初期階段，就應該「做好面對問題的準備」**。

從遊戲設計師的角度來說，最常遇到的問題就是玩家不按照遊戲設計規劃玩遊戲。例如：「安排了阻撓玩家前進的敵人，但是玩家沒有迎擊敵人就破關了」、「玩家發現捷徑之後，一下子就脫離了關卡地圖」等，往往是測試階段才會發現問題。

面對這種情況，遊戲設計師勢必要採取改善措施，才能讓玩家充分感受遊戲設計師的精心設計。以下介紹解決這類遊戲設計問題時，在初期階段應該採取的「準備」。

玩家不會按照遊戲設計玩遊戲

玩家玩遊戲時，本來就不可能按照遊戲製作團隊的預期方向進行。理解這個狀況本身，是遊戲設計師最重要的心態準備。只要記得這個前提，無論遇到任何遊戲設計面的問題，都能夠平靜地接受。

如果將玩家的玩法對比遊戲設計攻略內容，便能夠看出明顯的區別。當玩家要攻略某個對象時，遊戲設計師必定會安排一個「相對應的攻略代價」。例如：「要取得主動技能，攻擊才能命中敵人」、「要升到某個等級才能打倒某個敵人」、「蒐集金錢購買道具」，遊戲內有各種類型的攻略代價。

不過玩家可不知道遊戲設計師會安排哪種「相應的攻略代價」，或者就算知道也不一定遵循。畢竟玩家玩遊戲時考慮的事情非常單純，那就是，「**如何用最小的代價換取最大的利益**」。

這會導致玩家開發出各種遊戲製作團隊未曾預期的攻略方法、遊戲漏洞、或是作弊般的技能與遊戲玩法。這種特殊的攻略方法，有時會讓玩家以極小的代價取得極大成果，這將影響遊戲失衡並使遊戲的趣味性下降。「十分鐘賺到一億日圓！超快速賺錢法」、「零傷害值也能打倒Boss的方法」像這些攻略方法都屬於此類。

誠然不是所有玩家都有能力發現這種取巧的玩法。即使透過社群平台、攻略網站得知這種玩法，也不見得所有玩家都會照做。但是，就算只有部分玩家會偷吃步，只要存在偷吃步的方法，就會讓花費時間和精力認真玩遊戲的玩家覺得上當受騙。**如果遊戲機制使誠實玩遊戲的玩家變成笑話，玩家對遊戲的熱情自然會下降**。

如果在營運型遊戲發生這類問題，請帶著會挨罵的覺悟向下修正參數，或是乾脆配合遊戲漏洞，將其餘的參數隨之膨脹。如上面的範例所述，偷吃步的做法將會撼動整款遊戲的走向。

預先設想會發生哪些遊戲設計師未預期的玩法

人人都知道遊戲漏洞的危險，為什麼還是會出現遊戲設計的漏洞呢？

遊戲漏洞的成因千奇百怪，但是大部分的原因都是源自於遊戲設計師「以為玩家鐵定會按照自己的規劃玩遊戲，所以未曾考慮其他可能性」。因為遊戲設計師設計遊戲時只考慮到自己方便，所以其餘意外都會變成不在預期內的發展。而這些意外的發展，很可能藏有破壞遊戲平衡的漏洞。

發覺預料之外的遊戲問題時，如果不知道成因，便很難在一開始就解決問題。這種情形就是沒有做好心態準備。

當玩家照著遊戲設計師的規劃玩遊戲時，遊戲設計師必須努力讓玩家感受到遊戲趣味性。同時，遊戲設計師也要考慮，**當玩家不按照著計畫走時，遊戲可能會出現的問題**。

例如，遊戲設計師在設計戰鬥中的Boss角色時，除了要思考玩家與Boss如何展開攻防，才能使戰鬥更吸引人。還必須考慮正常玩家玩遊戲時絕對不會出現的情境，例如：「如果玩家選擇不戰鬥，一直逃竄怎麼辦？」、「如果玩家一直反覆從Boss頭頂跳躍閃避，Boss的AI能否正常應對？」、「如果玩家躲在角落的安全地帶，持續以遠距離攻擊，Boss是否會單方面被擊倒？」

請設想遊戲最糟的狀況會是什麼。對遊戲設計師來說，剔除讓遊戲變得不好玩的因素，也是在為打造有趣的遊戲努力。

請積極正視遊戲的困境

建議遊戲設計師積極面對任何遊戲設計上的困難，這種「心態」才是解決問題的根本之道。

除了剛才舉例的戰鬥設計之外，這種思考方式也能在其他地方加以活用。例如：「向遊戲製作團隊說明企畫內容時，團隊如果對內容有誤解該怎麼辦？」、「如果到截止期限都沒有收到素材資料，後續該怎麼繼續推動進度？」。無論對象是誰，都請**以事情不會按照自己預期發展為前提思考**，做好事前的準備。

問題解決方法2「儲存點」

有些問題就是無法解決

即使做好心態上的準備，還是得面對有些問題就是無法解決。「無論如何我都會想出解決方法，決不放棄！」抱持這種積極的熱情是好事。但是從現實層面來說，就是會遇到無法解決的課題。遊戲設計師如果忽視問題確實無法解決的可能性，只顧著不擇手段地解決問題，其實是相對的剝奪了遊戲的其他可能性。換句話說，放棄執著，遊戲在重新詮釋之下，或許可以展現另一種樣貌。如果延宕做出下一步決策，對遊戲造成的損害反而會擴大。

有時候放棄解決問題，也是很重要的解決問題的方法。放棄這個字眼不免會給人負面的印象，但是在遊戲開發領域，或多或少會遇到必須要鼓起勇氣選擇放棄的情況。

做出負面的決策不僅考驗遊戲設計師的心理承受力，還必須負起責任向遊戲開發成員解釋情況，從各方面來說，都是讓人勞心勞力的事情。也因此，即使認清問題沒有轉圜餘地，還是會想逃避現實、或是假裝問題不存在。

以下介紹一些方法，幫助大家在面對無法解決的問題時，也能夠做出決策。

抱持著隨時捨棄一切的覺悟

首先希望大家能有一個心態。那就是，請隨時抱持著要捨棄一切的覺悟。

任何時候，捨棄全部。

遊戲開發過程中不免會出現「沉沒成本」。沉沒成本是指「已經付出並且無論如何都無法回收的成本」。換句話說，當我們投注時間、金錢、勞力等成本之後，便再也無法改變已經付出成本的事實。

在沉沒成本中，遊戲設計師尤其要留意的就是「情感成本」。「這是我們的傾力之作」、「挑戰了全新內容」、「某某人付出了很多心血」、「千辛萬苦才走到這一步」等心理因素，都是對遊戲付出的「情感」，這也是沉沒成本的一種。

這些情感成本都會影響決策的判斷基準。無論是誰花費多少時間傾心製作，情感都無法成為解決問題時的判斷依據。因為投注的情感沉默成本，而無法正確判斷狀況，導致遊戲開發往死胡同走去的情形不在少數。

筆者很能夠同理這種心情。但是冷靜下來思考，你會發現就算事前的努力都將化為烏有，與其執著於看不見成效的素材，還不如乾脆放棄，遊戲進展會更順利。

面對這種情形最有效的處理方式，就是從一開始就要有覺悟，在最糟糕的情況下，必須拋棄現有成品重頭來過。當然還是可以持續對遊戲投注熱烈的情感，但是事前請務必要抱持拋棄所有的覺悟。

事前就要設計合適的折返點

與做好事前覺悟同等重要的，就是一開始就應該做好拋棄一切的事前準備。

雖然筆者一直強調要拋棄一切，但是事實上並非真的如字面描述，必須將製作好的遊戲完全拋棄。遊戲很少發生必須重頭來過、或是回到遊戲開發最初期的狀況。

實際上會發生的問題是類似「需要重新設計遊戲角色」、「需要撤回完工交件的地圖，並從零重新來過」、「需要變更所有敵人角色的技能」等大規模的修正。

針對遊戲必須重新設計的問題，遊戲設計師能做的事前準備，**就是事先規劃出折返點**。折返點就好比是遊戲中的「儲存點」，儲存點是指「過去為止的內容保持不變，但是在這之後新增的內容隨時可能需要捨棄」，也就是分水嶺。就算每推進一步、完成一個素材就設置儲存點也可以，只要是認為「即使有變動，也不會溯及過往的內容」，就可以開始做測試。或者讓上司確認之後，就繼續往前推動製作進度。

「定義折返點，即使後續因為發生問題必須替換，也不會對前面的內容造成影響」，像這樣找到靈活變通的方法後，遊戲設計師對於從折返點重新出發的心理壓力就會降低。

能夠**靈活變通的祕訣**，就是要了解所有遊戲要素都能切分成更小的要素，每個遊戲小要素都是遊戲要素的集合體。

舉例來說，一個敵人角色是由「2D設計或3D模型的外觀」、「構成角色動作的AI與動態」、「參數與位置資訊組成的角色特性」組合而成。而角色動態又是由「移動動作」、「採取攻擊的相關動作」、「受到傷害的相關動作」等要素組合而成。只要能夠理解每個要素的構造，遇到問題時就不會變成「敵人的角色恐怕都必須全部重頭開始」而驚慌失措。而是能夠以遊戲要素為單位，精準掌握需要重新製作的區域。能夠切割出來製作的遊戲要素愈精細，表示遊戲的靈活變動性愈高。因此，理解遊戲要素能夠細小切分，是很重要的概念。

請擺脫「重新來過＝必須從最一開始重頭」的迷思，只要預先規劃出「從〇〇重新再來，也不會對遊戲整體造成影響」、「△△與□□相互牽連，如果要改動就必須一起更動」等資訊。從折返點進行修正，也不失為解決問題的一種好方法。

捨棄也是解決問題的一種方法

遇到問題時，必須努力找出解決的方法。同時，從一開始就必須設想好，如果事情發展不順遂時可能會發生什麼事。或許有人會認為這種態度很消極，或是覺得一直做最壞的打算讓人很洩氣。但是如果不拋棄應該拋棄的事物繼續前進，一定會發生讓人更不樂見的情形。

想要有效防範未來發生更嚴重的問題，果決地放棄無法解決的問題，也是很重要的做法。

懂得放下，遊戲設計師在解決問題時便有更多選擇，能處理的問題範圍也會更廣泛。

問題解決方法3「邏輯樹狀圖」

請先正確地掌握問題的本質

在解決問題之前，遊戲設計師應該先掌握問題的本質。

有時候遊戲表面顯現的問題，與實際引發問題的原因完全不同。如果只解決前者，只是解決了顯現的症狀而已，但是其實真正必須解決的問題是後者。

舉例來說，如果水桶裝水很耗費時間，那麼可以採取的解決方法就是，用更快的速度將水倒入水桶中。可是，有沒有可能是水桶本身有洞，所以水都漏光了？在這個案例中，表面上的問題是水桶裝水很慢，但是真正造成問題的原因既不是裝水的速度、也不是加入的水量，而是水桶本身有漏洞。

遊戲設計師沒有掌握問題的本質，就像不知道水桶有洞一樣。如果沒有徹底了解原因，而選擇用更快的速度將水倒入水桶中，那麼水有可能會衝破水桶原有的漏洞，造成更大的破洞也說不定。

搞不清楚問題本質就採取行動，容易選擇錯誤的措施；而且大部分情況下，錯誤的措施還可能引發其他的狀況，到頭來還是沒有解決根本問題。所以**想要解決問題，勢必得先掌握問題的本質**。

使用邏輯樹狀圖，將問題視覺化

想要掌握問題的本質，就要將問題視覺化。

問題視覺化正如字面所述，就是讓問題變成肉眼可見的形式。雖然也可以直接在腦中進行問題解析，但建議還是使用紙筆、或是在白板上將問題寫出來會更佳。

通常將問題視覺化之後，解決的方法就會自然地浮現。換句話說，學會問題視覺化的方法，可以有效地解決問題。

過去已經有許多人徹底研究視覺化問題的方法，並且整理出非常簡潔的做法。筆者認為最優秀的方法，就是「邏輯樹狀圖」。**任何問題都可以使用邏輯樹狀圖，快速將問題視覺化**。以

使用邏輯樹狀圖，解析「為何水桶裝不了水」

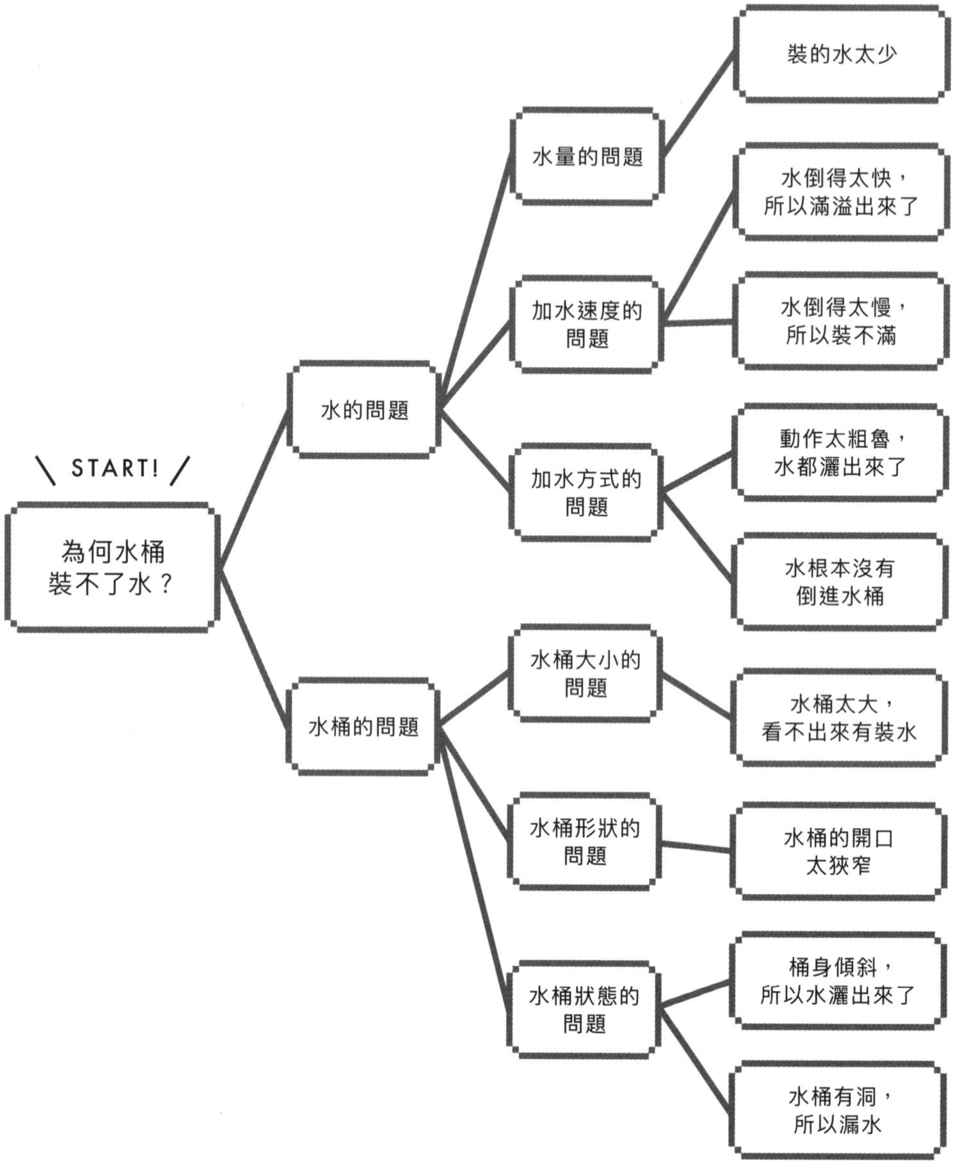

下說明邏輯樹狀圖與實際使用的範例。

盡量將問題拆解得愈細愈好

如附圖所示，邏輯樹狀圖是解析問題的一種方法。

即使是龐大又曖昧不清的問題，也能透過邏輯樹狀圖從「大問題拆分成中問題」、「中問題拆分成小問題」、「小問題拆分成極小問題」。將問題拆解之後，問題的本質自然就會浮現。

使用邏輯樹狀圖時，請留意內容應該要網羅各種問題要素，所以執行時，請廣泛、細緻並且毫無遺漏地考慮各種可能性。如果沒辦法一次性拆解問題也沒關係，可以不斷替換問題要素，重新審視內容及改寫，慢慢提升完整度即可。

如果在樹狀圖的內容還不夠完整時，就貿然思考解決方法，很可能只會得到偏離問題本質的解法。

尤其要留意不要在拆解問題的過程中，突然又關注新問題，並且轉而思考新問題的解決方法。筆者能理解發現新問題之後難免會分心，但是這樣一來容易偏離正題，導致邏輯樹狀圖的完整度不足。

再次強調，想要掌握問題的本質，就必須製作出**內容毫無遺漏並且完整度佳的邏輯樹狀**

圖。找出真正的問題之後，再思考解決方法絕對不會太遲。

POINT

1 遊戲開發過程，會持續發生各種問題。

2 預防問題發生很重要，但是做好解決問題的準備更重要。

3 「最糟的狀況」：準備好面對問題的心態。

4 預先設想會有哪些遊戲設計師未預期的玩法。

5 「儲存點」：預設遊戲製作的折返點。

6 無論多麼努力，有些問題就是無法解決。

7 「邏輯樹狀圖」：將問題視覺化。

8 要解決問題，必須先認識問題的本質。

「溝通」應以遊戲目標為導向

”「溝通」應以遊戲目標為導向“

遊戲設計師每天與遊戲開發成員相伴

遊戲團隊期望遊戲設計師能有溝通能力，引導遊戲開發

遊戲是由人製作完成的娛樂產品。一款遊戲有數量龐大的工作人員參與製作，所以實際上，遊戲製作奠基於人與人之間的溝通。

即使一款遊戲有優秀的遊戲企畫、聚集眾多的精銳人員、和備有完善的遊戲開發環境，假如**團隊內溝通不順遂，那麼整個團隊連一半的力量都無法發揮**。

遊戲設計師是幫助團隊溝通的關鍵人物。遊戲設計師的職責是推動遊戲製作開發，因此大部分情況下遊戲設計師會成為開發現場的核心人物。

位居核心位置的遊戲設計師在與遊戲開發成員溝通時，自然每天都會聽到團隊的各種聲音與意見。遊戲設計師勢必得正視每一個聲音，同時推動遊戲製作進度，引領團隊成員邁向正確的方向。

想要有效推動遊戲製作、解決遊戲問題、並且賦予遊戲趣味性，毫無疑問關鍵取決於團隊溝通。然而這裡的團隊溝通，**並不是指團隊的每個人都要能夠和樂相處**。誠然和樂地相處很重

要，但是精確來說，是期望遊戲設計師透過團隊溝通，領導遊戲開發。

遊戲設計師不能只是個「好人」

什麼叫做透過團隊溝通，領導遊戲開發呢？想要理解這個概念，必須先認識什麼是無法領導遊戲開發的失敗溝通方式。

遊戲設計師勢必不可以做的一件事，就是「聽從太多旁人意見」。遊戲團隊之間的溝通不外乎是傾聽對方的想法、接收他人的意見，或是積極採納遊戲提案，進而凝聚團隊向心力和提升團隊動力等。

如果只是想要雙方圓滑地溝通，那麼上述都是很合適的溝通方式。可是請勿忘記，遊戲設計師最重要的職責是賦予遊戲趣味性，而團隊溝通只是達成此目的手段之一。

傾聽別人的想法有助於建立良好的團隊關係。但是，有時候這麼做反而會造成反效果。例如：附議對方的意見卻無所作為，結果變成一個沒有想法的聽眾；對於別人的意見總是馬上附和、八面玲瓏地與所有人交好，導致最終需要做決策時做不了選擇；時常接收旁人的煩惱與意見，並積極地幫忙解決問題，最後卻被當成沒有主見的工具人。

上述的案例只是冰山一角。雖然團隊的溝通交流非常重要，但是根據傾聽意見的方式，溝通效果可能會無法滿足團隊的期待，或者無法發揮遊戲設計師期望的成效。

照單全收的遊戲設計師，**對遊戲開發成員來說，只是個普通的「好人」**。這是每個遊戲設計師務必要避免的溝通方式。

不可能聽從所有人意見

遊戲設計師要致力實現的有效溝通，是要引領遊戲製作團隊一起邁向遊戲最終目的地。這種溝通方式不是在藉由交流幫助有需要的人。

要前往目的地之前，必須挑選前進的路線。就算每個人對前進路線有各自偏好，最終也**只會選擇其中一條路前進**。很遺憾無法採納所有人的意見。在這個前提下，接著要介紹三種遊戲設計師應該採取的溝通方法，這些方法能幫助遊戲設計師引領團隊邁向遊戲目的地。

- **一切以遊戲目標為重**
- **找尋平衡點**
- **以成果為優先**

溝通方法1「一切以遊戲目標為重」

遊戲開發不免伴隨著意見衝突

遊戲設計師在與遊戲製作團隊溝通時，時常會在創意上出現意見分歧。這個狀況並非壞事，當雙方都想做出優質的內容，並因此**產生意見衝撞、分歧，其實是相當正常且正面的事。**說實話，這種狀況愈頻繁發生，就表示遊戲成品的品質愈值得期待。

只不過，這個前提是最終雙方的意見能整合為一，同時，意見未被採納者能夠樂觀地看待結果，並繼續積極地參與遊戲開發。遺憾的是，很多時候都是事與願違。

主觀意見的衝撞，會對團隊帶來負面影響

創意發想的意見分歧，大多是雙方主觀的觀點在相互衝撞。

創意很難量化說明，尤其在遊戲企畫階段，沒有成品可以直接對照比較。結果一回神，團隊的討論內容很容易變成：「我覺得這個比較好」、「我覺得這個效果更好」、「我認為這個

會更受大眾喜愛」。到頭來變成每個人都在發表個人意見，話題就結束了。

在這個狀況下，如果遊戲設計師也跟著提出主觀意見「這幾個方案我覺得好像都不是很合適」，那麼整個溝通過程只是每個人在各自發表喜好，遑論取得結論。

如果遊戲團隊開始用這種主觀方式溝通，整款遊戲很容易變成全憑某個人的喜好做決策。當專案的執行方式變成以人為主，遊戲設計師要引導遊戲走上正確方向將會困難重重。

更糟糕的是，**長此以往遊戲開發現會場變成「看發話者是誰」來下決策**。真的落到這步田地時，遊戲製作團隊會失去工作動力，遊戲的品質也會下降。

也因此，遊戲設計師應該積極向遊戲製作團隊展現正確的溝通形式，促進團隊維持正常溝通。

溝通內容應該圍繞著遊戲目標

正確的溝通形式應該是圍繞著遊戲的「終極目標」進行討論。遊戲設計師能否引領團隊用正確方式溝通，可說是攸關遊戲生死的大課題。

前面〈**一切都是從「設定目標」開始**〉（p82）已經介紹過遊戲目標的重要性。遊戲的終極目標是判斷該如何取捨遊戲素材的基準。對參與遊戲開發製作的所有成員來說，遊戲目標才是終極的行事準則。什麼是溝通時應該圍繞著遊戲目標？那就是**團隊在進行討論時，做決策的**

關鍵依據應為「哪個選擇更能幫助遊戲邁向最終目標」。

再次以〈**發想創意點子時應考慮到遊戲目標**〉（p99）小節中的範例為例。假設要打造「世界最恐怖的遊戲」，可以使用遊戲目標為基準提出「豐富多元的變身系統本身是很好的點子，但是因為沒有任何恐怖要素，所以不適合這款遊戲」、「請將主角設計得更弱小，這樣主角感受到恐怖時，就更容易發出聲音」等意見。這樣一來，就能夠鮮明地看出目前遊戲的優點和缺點、不足之處或是待改善之處。這樣就能避免雙方主觀意見衝撞，計較於「我和你的提案，哪一個有趣」。請遊戲設計師務必要貫徹這種以遊戲目標為基準的討論方式。

建議遊戲設計師公布一個所有人都能看到的共同目標，這樣一來，每個人的意見或想法自然都會圍繞著遊戲的終極目標。成功建立這個溝通環境之後，後續遊戲設計師的工作就只有確認哪個創意可以有效幫助遊戲邁向終極目標而已。同時在做決策時，只要能夠說明為何這個創意能夠幫助遊戲邁向遊戲目標，遊戲製作團隊也會欣然接受結果。

遊戲製作團隊必須對遊戲目標有認同感

想要建立圍繞遊戲目標做決策的溝通環境，除了遊戲設計師必須付出努力之外，還有一項關鍵要素。那就是，**事前必須先讓遊戲開發成員也能理解並且認同遊戲目標**。

〈**分解遊戲構造，依序決定目標**〉（p85）的小節有提到，如果沒有向團隊仔細介紹遊戲目標，或是遊戲目標無法獲得遊戲製作團隊認同，那麼就算彼此能夠圍繞著遊戲目標進行溝通，也無法達到成效。

不要只是告知遊戲目標而已，請努力讓團隊認識並且認同遊戲目標。同時在整個遊戲開發過程，都要確保團隊記得遊戲終極目標。

每次進行溝通時，遊戲設計師都應該以遊戲目標為重點，反覆幾次後相信團隊就能正確認識遊戲目標了。想要建立圍繞遊戲目標的溝通環境，需要遊戲設計師在背後徹底執行，反覆努力才能夠成功。

溝通方法2「找尋平衡點」

人與人必定會產生意見對立

人與人溝通時，無論採取何種溝通方式，或多或少會出現雙方意見相左或是對立的情況。

在遊戲開發現場，人與人意見不合或產生對立，可說是家常便飯。遊戲製作過程其實就是不斷經由這類溝通，一步步往前邁進。請務必牢記，**溝通的時候永遠都要對事不對人**。

意見只是意見，並不代表發話者的人格。話是如此，當彼此的對立愈深，情感上就愈難將人與意見分開看待。於是原本只是意見對立，最後卻演變成情緒對立。最糟糕的狀況下，甚至可能惡化成「這個人說什麼我都討厭」、「我無法和這種人工作」的狀態。

日本有句俗諺是「討厭和尚連帶討厭和尚的袈裟」，意思是討厭一個人就會討厭關於這個人的一切。一旦雙方關係破裂，難免會戴上有色眼鏡看待對方的發言、態度、工作方式和製作的事物。長此以往，雙方除了在溝通出現問題之外，甚至會無法正常判斷對方製作的東西好壞，最終只會為團隊帶來負面影響。

再次強調，人與人必定會產生意見分歧與對立。請記住這個前提，**在對立發生時採取適切的應對處理**。遊戲設計師做為團隊溝通的核心人物，務必要學會適當的應對方法。

既然有對立，勢必也能找出意見的平衡點

要解決意見對立最有效的方式就是「找尋平衡點」。

意見分歧時，常見的狀況是彼此其實只有一個地方意見相互牴觸，但是彼此卻以為整件事都不可能取得共識。

事實上大部分情況下，假設完整的意見是一百個，那麼雙方可能只會對部分內容有不同見

地，很少出現會百分之百否決對方意見的情況。

有時雙方只對最開始的前兩個或三個意見有不同看法，但因為專注探討眼前兩個或三個問題點，結果根本沒有機會對後面九十多個意見做交流。或許也有可能發生一百個意見之中，零至九十個意見都跟對方意見不合的狀況。

但是即使是這麼極端的情況，還是要請各位將焦點放在可能意見相符的剩餘十個意見上。找尋雙方有共識的意見，等同於在找尋平衡點。建議溝通時不要一味挑剔彼此意見不合之處，請盡力找出彼此意見的平衡點，或者找出彼此沒有相左和可以取得共識之處。

請透過這個過程，從一百個意見中**找出彼此都同意的部分**。待挑選出同意的意見之後，接著則是逐一確認「○○沒問題」、「我對△△持相同意見」，確保雙方對每個意見皆有共識。

這種聚焦於意見相同之處的正向溝通方式，能提升雙方溝通交流的意願。最起碼這種溝通方式可以避免彼此因為意見不合，進而否定對方人格。找出雙方的意見平衡點，建立堅實的溝通基礎，再來思考如何解決分歧的意見。只要按照這個順序，就能進行有建設性的溝通。

對事不對人

日本有句諺語是「可以憎恨犯罪，但不要憎恨人」。意思是可以厭惡某項犯罪行為，對罪刑施以懲處，但不需要憎恨犯罪的人。

要對事不對人。在時常出現意見分歧、對立的遊戲開發現場，這個觀念非常重要。意見遭到否定時，人難免會認為自己的能力及人格也一併被否定。然而說實話，要將行為與當事人分開，極其困難。即使如此，還是要盡可能避免陷入這種溝通模式。衷心推薦各位練習先找出雙方意見平衡點的溝通方式。

溝通方法3「以成果為優先」

切勿因為個人能力的極限，限制了遊戲發展

遊戲開發現場聚集來自各個領域的專家，因此，有時**對話內容會超出遊戲設計師的能力、以及知識理解的範疇**。

從現實層面來說，在各界專家環繞之下，遊戲設計師本來就不可能跟得上每一個話題。因此在與遊戲製作團隊溝通時，遊戲設計師時常會遇到超越自己能夠理解和判斷的艱澀問題。

這個狀況也會出現在遊戲製作團隊提出的意見和創意提案上。假設團隊因為某個創意點子

很有趣而歡欣鼓舞，但是自己卻看不懂這個創意。請問這時候該採納這個創意嗎？又或者遇到一個極其有趣的提案，但與原本的計畫相去甚遠，這時候該怎麼做？

雖然遇到的是完全不明白的事情，但是既然身為遊戲設計師，就不可避免要面對這種情景。這時如果沒有適當的處理，可能會因遊戲設計師的能力有限，而限制遊戲製作團隊無法盡情發揮所長，最終拖累整款遊戲製作。

要避免這種情形發生，遊戲設計師就必須**在遇到超越個人能力的狀況下，仍繼續推動遊戲製作**。

轉換成使用者觀點來思考

可是既然問題超越能力所及，那麼該從哪個角度與團隊進行溝通呢？**答案是：從目標客群的觀點切入**。即使沒有相關的知識或是經驗，只要切換成使用者觀點，還是能判斷哪些內容對遊戲有益。

遊戲屬於娛樂產品，最終判斷遊戲成敗的既不是遊戲設計師、也不是遊戲製作團隊，而是使用者。目標客群正是體驗這款遊戲的人，所以在遊戲製作領域，「目標客群的看法」就是一切。

「目標客群的看法」有許多切入的面向，例如：「看到遊戲相關消息後，他們會有何感想？」、「他們會如何評價遊戲畫面與動畫？」、「實際玩遊戲時有什麼想法？」、「玩完遊戲之後，他們會給什麼評價？」、「他們看到其他人玩這款遊戲時，會有什麼想法？」

不管是哪一個面向，目標客群對遊戲的看法就會成為遊戲的評價。通常目標客群看到遊戲時，是遊戲已經做為商品推出的狀態。他們在評價遊戲時不需要專業知識和遊戲開發經驗。同時，他們不必理解遊戲製作預設的目標，也沒有必要知道遊戲製作團隊的創作理念與目的。

既然如此，如果能夠擁有目標客群的觀點，在遊戲開發過程中，就有依據可以判斷哪些素材適合放入遊戲。究竟什麼內容才符合目標客群的需求？如果能以此為基準做判斷，就能掌握問題的本質，不必擔心會受自身的知識經驗限制。

假設遊戲開發到一半，所有體驗過遊戲的遊戲開發成員都表示「現在的難度太困難了」，而自己親身體驗之後，也深有同感。但是如果你判斷這個難度符合目標客群的需要，就應該對這個決定堅持到底。即使遊戲團隊成員皆提出反對意見，只要他們與目標客群的屬性不同，遊戲設計師就沒有必要採納這些意見。

遊戲開發並不是按照多數決走就更有機會成功。

即使是前輩、上司、知識經驗豐富的菁英成員、曾參與知名作品製作的工作人員，並不是每個人的意見都能對遊戲有助益。再次強調，最終能夠決定遊戲成敗的人，只有目標客群。

以成果為優先

俗話說：「勝者為王」。無論勝負的詳情為何，「獲勝就是獲勝」。這句話的意思是，勝敗結果將決定最終的善惡。這句話非常適合套用在遊戲開發上。遊戲的成敗掌握在目標客群的手上。

不管是站在目標客群的觀點做決策，或者以此為依據與團隊進行溝通，都是為了爭取最終的勝利。遊戲設計師在遊戲開發過程中會面臨形形色色的課題，必須透過團隊溝通解決，這也是引導遊戲更靠近最終勝利的一種手段。即使遇到不懂的事情，只要懂得如何站在目標客群的觀點思考，在任何情況下，遊戲設計師就能做出更容易成功的決策。

真的遇到無論如何都無法理解或是判斷的選擇時，請坦率地向周遭求助「我一個人無法解決，請幫助我」，便可以度過難關。如同〈**圍繞著遊戲目標進行溝通**〉（p137）所介紹的，請積極尋求他人幫助。

在娛樂產業的世界，使用者的意見就是一切。所以請勿忘記，無論何時都應以取得成果為優先。

POINT

1 遊戲設計師應該藉由溝通引導遊戲開發。
2 遊戲設計師不能只是當個好人。
3 「一切以遊戲目標為重」：溝通時應圍繞著遊戲目標討論。
4 遊戲製作團隊必須認識和認同遊戲目標，才能實現有效溝通。
5 「找尋平衡點」：聚焦於雙方意見相同的地方。
6 永遠都要對事不對人。
7 「以成果為優先」：不必執著什麼都要自己來。
8 如果有不懂的事情，請從目標客群角度思考。

CHAPTER 5

強化遊戲設計能力
讓技巧升級

提升三項基礎能力的等級

”遊戲設計師本身的能力，將決定武器能發揮的程度“

遊戲設計師的能力等級，決定遊戲武器的攻擊力

遊戲設計師持有的武器，就是準則Know-how

遊戲設計的準則Know-how，就像是任何人都能配備的一項「武器」。截至目前為止介紹了各式各樣的遊戲設計技巧，都是讓遊戲設計師能夠立即配備的武器。不過這些武器能夠發揮幾成功效，則取決於遊戲設計師本身的能力程度。

武器只是一種道具。當武器使用者的能力與武器本身匹配相稱，才能夠最大程度地發揮武器的能力。換句話說，**遊戲設計師本人的能力愈強大，使用武器時產生的效益就愈強大**。

提升遊戲設計師的基礎能力

那麼，該如何提升遊戲設計師的相關能力？

遊戲設計師的工作內容龐雜，即使同樣掛著遊戲設計師的職稱，大部分狀況下，依照專業領域不同工作內容可能會細分成「負責戰鬥場景的人」、「負責活動企畫的人」、「發包美術

圖的人」、「撰寫腳本的人」、「建構遊戲系統的人」、「規劃營運方針的人」等。

不同專業領域的職務內容，所需的技能差異性極大。也就是說，遊戲設計師幾乎不可能在每一種專業都擁有頂尖的能力。而且，即使努力學習非自己擅長的專業技能，也很可能一輩子都沒有活用的機會。

因此，遊戲設計師最有效的「升級」能力的方式，就是**提升能夠活用在各個領域的遊戲設計的基礎能力**。

以運動來說，雖然每種體育競技所需的必要運動能力各有不同，但是基礎的肌力和體力，是所有體育競技共通的根基。

想要有效地提升遊戲設計師的能力，首先必須提升遊戲設計的基礎能力。遊戲設計師應該具備的可活用在各個領域的三項關鍵基礎能力，說明如下。

- **遊戲力**
- **表達能力**
- **個人能力**

遊戲設計師的3項基礎能力

遊戲力	表達能力	個人能力

基礎能力1　遊戲力

遊戲設計師的工作既然是製作遊戲，那麼遊戲相關的知識當然是愈豐富愈有幫助。**擁有充足的遊戲知識，就能在各種的遊戲場景發揮合適的遊戲效果**。

所謂的「遊戲力」，便是指遊戲設計師經過各種遊戲知識加持後產生的能力，也是執行遊戲設計時最為基本的基礎能力。

基礎能力2　表達能力

遊戲設計師是以語言做為武器的工作。例如撰寫企畫書、規格書時必須具備的寫作能力；簡報、會議溝通時以口頭表達的會話能力。

遊戲設計師如果擁有良好的「表達能力」，能夠廣泛地、精準地、妥善地操控話語，**在各種場合皆能獲得更好的成果**。

基礎能力3　個人能力

開發遊戲是一種創作行為。開發遊戲不僅是在製作商品，同時也是在創造作品。遊戲既然是創作品，就要能夠確實地反映出製作團隊的性格，讓遊戲具有獨特的色彩與風格。

遊戲設計師因為要賦予遊戲趣味性，所以比起負責遊戲其他職位的成員，遊戲更容易反映出遊戲設計師的個人色彩。遊戲設計師本身具備的風格便是遊戲設計師的**「個人能力」，這是為遊戲帶來獨一無二的特色，並且使遊戲昇華成創作品的重要能力**。

不必經過實務操作，也能提升三項基礎能力

「遊戲力」、「表達能力」、「個人能力」，這三項能力便是遊戲設計師應該具備的關鍵基礎能力。不過，遊戲設計師應該如何精進上述幾項能力、並且讓能力升級？

最有效的方法當然是做中學，實戰就是最好的訓練。可惜並不是每個人都有機會成為遊戲設計師。然而，**即使沒有經歷實務訓練，仍有一套方法能夠提升遊戲設計師的能力**。後續將介紹精進這三種基礎能力的方法。

POINT

1. 戲設計師的能力升級，執行準則 Know-how 時效果就愈佳。
2. 應提升可活用在任何領域的遊戲設計師的基礎能力。
3. 豐富遊戲知識提升「遊戲力」，便可應對各種遊戲場景。
4. 提升溝通的「表達能力」，在表達時可獲得更好的成果。
5. 提升「個人能力」，便可為遊戲添增獨一無二的個人色彩。

單純玩遊戲不會提升「遊戲力」

”
透過遊戲
學習「情感」、「原因」之間的
因果關係
“

精通遊戲，遊戲設計師的能力就會升級

遊戲的知識是多多益善

遊戲知識對遊戲設計師來說非常有用。豐富的遊戲知識，能對遊戲設計師的工作帶來正面效果。既然是從事遊戲相關的工作，這句建言聽起來太過理所當然。所以再次說明遊戲知識的實用性。

家用主機遊戲、掌上型遊戲、智慧型手機遊戲等電子遊戲普及至今已經數十年，如今市場上可見的遊戲，幾乎只是在重新組合過去遊戲的元素。從遊戲設計的觀點來看更是如此。遊戲設計基本上都是由現存的元素排列組合而成，換句話說，遊戲設計僅是將過往遊戲中誕生的系統、創意點子重新組合而已。

因此，遊戲設計師只要通曉古今中外的各種遊戲，即可能依靠遊戲知識組合出一套有邏輯的遊戲設計。說得誇張一點，**如果擁有豐富的遊戲知識，只需要將這些知識重新排列組合、稍做增減，便能完成一定程度的遊戲設計**。

也就是說，擁有遊戲知識，便能夠顯著提升遊戲設計師的能力。尤其需要活用到遊戲知識的兩個情況：「溝通」和「解決問題」，說明如下。

遊戲知識能促進雙方意見溝通

遊戲的知識量能夠幫助遊戲設計師與遊戲製作團隊之間的溝通。因為與成員對話時，現成的遊戲範例能成為雙方的「共通語言」，促進雙方了解彼此的意思。

例如：「這個地方需要呈現出○○遊戲●●場景的效果」、「呈現方式請參考▷▷遊戲的處理方法」、「請幫忙製作類似□□遊戲中■■角色的技能」等，遊戲知識可以幫助順利傳達委託的事項。在〈**形形色色的委託形式**〉（p124）小節介紹過，可以運用過往的遊戲做為遊戲參考資料。

遊戲在開發過程中，誰都無法確定最終會呈現何種樣貌。因此，**借用現成的遊戲當做參考，能幫助遊戲開發成員想像成品和效果**。而遊戲設計師的遊戲知識愈豐沛，能提供的參考資料選項就愈豐富。

說明至此，有些人或許會誤會這是在「模仿其他遊戲」或是「試圖抄襲」。但是從現實層面來說，一款遊戲不可能全是由前所未聞的原創元素建構而成。

當然，過往的遊戲只會是參考資料，關鍵還是要看參考之餘最終能創造出怎樣的成果。

遊戲知識可以解決問題

遊戲知識量還能幫助遊戲設計師解決難題。

在執行遊戲設計時，遊戲設計師不免需要想像加入某些要素後會產生什麼結果。例如：「加入這個要素後，遊戲平衡會有什麼變化？」、「改變選項的配置後，遊戲的玩法會有什麼變化？」、「新增敵人的攻擊方法，會對戰鬥造成什麼影響？」等。這時如果有豐沛的遊戲知識，**遊戲設計師便可在執行工作之前，正確地預測工作的成果**。這是因為遊戲設計師在其他遊戲已經見識過類似的情況，才能在事前有效的預測結果。

「提升遊戲速度會造成什麼結果？」、「增加同時出現的敵人數量會有什麼影響？」、「若是拓寬遊戲場景，玩家會怎麼玩遊戲？」，面對這類問題時，遊戲設計師便能夠透過聯想過去玩過的遊戲，想像變更遊戲設計之後可能發生的狀況。如此一來，便能在實際動工之前，預先在腦海預測結果。

除此之外，遊戲設計師在創造新的要素時，也需要活用到遊戲知識；在製作過程中遇到難題，也可以事先預備要做哪些準備工作加以改善。

腦海可以模擬的情境愈豐富，就愈能減少錯誤的次數。錯誤的次數減少，便能節省時間、金錢和人力成本，從各方面來說對遊戲開發都是好事。

遊戲知識量與能夠預測的對象和範圍成正比。說是遊戲開發成果能直接反映出遊戲設計師的遊戲知識量也不為過。

根據知識需求，篩選遊戲順序

不需要參與過遊戲開發或是擔任過遊戲設計師的經驗，也能夠獲取遊戲知識。基本上，只要玩遊戲就能獲得遊戲知識；體驗的遊戲愈多，就能累積愈多的知識。如果想要增進遊戲設計師的能力，玩遊戲是最直接又有效的方法。

然而現在市面上的遊戲數量多到難以計數，無論花費再多的時間也不可能完全掌握每一款遊戲。因此為了所需的知識，建議排列優先順序**篩選要玩什麼遊戲**。

選擇遊戲的方式很多樣，建議可以從正在開發的遊戲類型及相關領域中，挑選最熱賣的遊戲、或是曾被譽為名作的知名遊戲，應該就能學習到所需的相關知識。

在遊戲中學習情感變化

玩遊戲時增進遊戲設計技術的方法

想要掌握遊戲知識，就必須以玩家的角度實際體驗遊戲。只要使用特定方法玩遊戲，就能有效增進遊戲設計的技術。

當然，想怎麼體驗遊戲都可以。光是以玩家身分盡情享受一款遊戲，就算過程中絲毫不考慮遊戲設計相關的問題，還是能獲得許多知識。不過，如果想要藉由玩一款遊戲，就能**有效率的吸收遊戲設計相關知識，就必須有意識地體驗遊戲**。

以下介紹如何一邊玩遊戲，一邊學習遊戲設計。

學習運用遊戲牽動玩家的情緒

首先要聲明，玩遊戲時所吸收到的知識都是有用的知識。絕對沒有毫無用處的知識。而在這些知識中，對遊戲設計尤其重要的，就是**親自體驗遊戲，感受遊戲牽動的「感情」與驅動的**

「理由」。這就是遊戲設計師從遊戲中能獲取的最重要的知識。

遊戲過程會牽引玩家產生各式各樣的情緒，例如：「驚嚇」、「高興」、「感傷」、「緊張」、「煩躁」、「想要放棄」等。情感變化以及驅動感情的原因，正是遊戲設計的關鍵。為何這些會是遊戲設計的關鍵？因為遊戲設計師藉由遊戲所要達成的最終目的，就是要牽動玩家的情緒。玩家之所以願意投注時間與金錢，正是期待能透過遊戲這種娛樂產品產生各種情緒。

因此，遊戲設計師如果想知道如何藉由遊戲牽動玩家的情緒，最快速的方法就是仿效過往遊戲的情感驅動模式。

「○○遊戲口碑極佳」、「△△遊戲銷售量驚人」、「□□遊戲是由■■工作室製作推出」，這類資訊對遊戲粉絲來說屬於有用的知識，但是從遊戲設計的角度來說，卻不是什麼重要的知識。遊戲設計如果過度參考口碑或評價，或是透過觀看遊戲實況影片，反而會對遊戲呈現「一知半解」的狀態，對於學習遊戲設計反而是有害的。

重要的是，**親自體驗遊戲，真實地感受遊戲如何牽動玩家情緒**。也就是說，只有實際體驗情緒的變化，才能將遊戲知識融進骨血，成為遊戲設計時的養分。

從「情緒圖表」學習遊戲的情感變化

如何在玩遊戲的過程中認識「情感變化」以及驅動感情的「原因」？那就是製作「**情緒圖表**」。

情緒圖表是指，按照時間順序以圖表記錄遊戲過程感受到的各種情緒、引發情緒的事由與原因，以及因前述狀況產生的情感與因果關係。

玩遊戲時玩家會產生各式各樣的情感，建議不要只是簡單以「滿有趣的」、「好恐怖」、「嚇一跳」等感想就結束。請具體地記錄當下產生的情緒，並分析情緒產生的緣由，如此一來，才能客觀地認識自己為何會產生這個情緒。

持續記錄之後，應當就能察覺**若要催生某種特定情緒時，該成因有什麼特定的傾向**。反過來說，只要找出相關的原因，遊戲設計師便能營造出特定的情緒。

也就是說，只要持續累積從遊戲中學習情感生成的因果關係的相關知識，就有更高的可能性，運用自己的遊戲設計手法再現過往遊戲曾營造出的遊戲設計效果。

將獲取的知識邏輯運用於實際的工作中，遊戲設計師便可驗證自己獲取的知識是否正確。

	因果關係
	■ 突然出現聲響，人類就會感到驚嚇。 ■ 在突如其來的變化下暴露於危險之中，人類就會感到驚嚇。 ■ 視野死角如果有東西突然出現，人類就會感到驚嚇。
	■ 因為突然進入戰鬥狀態，所以會產生緊張感。 ■ 戰鬥之前配置的要素，會影響戰鬥時的氣氛。
	■ 玩家能從BGM的轉變，感受到遊戲狀態改變。
	■ 環境變化會引起玩家注意。 ■ 地圖上如有出現會動且醒目的要素，將引起玩家注意。
	■ 離開戰鬥場域之後，玩家會產生成就感。 ■ 玩家會想盡快離開討厭的地方。

情緒圖表

No.	狀況	情感	原因
1	玩家穿越昏暗的走廊時，突然有一隻狗破窗而入。	驚嚇	▪在毫無預兆之下，突然發出巨大聲響（玻璃碎裂聲、狗叫聲）。 ▪在毫無預兆之下，出現了一隻狗（＝驚嚇且怕狗會危害到自己）。 ▪玩家因為專注向前邁進，沒有察覺視野死角有扇窗戶。
2	玩家與狗展開戰鬥。	動搖	▪玩家此時仍處於驚魂未定的狀態。 ▪玩家需要一段時間才能徹底掌握事態，過程中會持續感到焦躁。
3	取得勝利。	警戒 安心	▪因為剛才過於輕忽大意，所以玩家持續保持警戒，以免又有事物突然出現。 ▪過一段時間後BGM停止了，玩家感受到狀況已經結束。
4	調查窗戶外的狀況。	好奇	▪有風從破裂的窗戶吹入，促使玩家產生調查的好奇心。
5	繼續前進，離開走廊。	解脫	▪終於從危險中脫逃，因此鬆了口氣。

必須玩到遊戲破關為止

製作情緒圖表，請一定要持續記錄到遊戲破關為止。

因為有些情感惟有花費一定的時間才能累積完成。尤其是涉及體驗遊戲故事產生的情緒，如果只擷取部分遊戲場景，玩家很難產生任何的感受。甚至可能會因為不知伏筆與前後脈絡，產生錯誤的情緒。

玩遊戲也是同樣的道理。最初體驗某個關卡時可能會覺得新鮮又有趣，但如果連續出現一百個同樣的關卡，玩家的情緒自然會變得不同。

如果以為體驗部分遊戲片段就能掌握一款遊戲，反而會遠離該遊戲的設計核心。

即使是沒有破關概念的遊戲，例如智慧型手機的營運型遊戲，只要持續地遊玩，累積投注遊戲的時間和次數，當遊戲進展到一定的程度，就能夠理解該遊戲的本質。

遊戲以外學習情感變化的方法

娛樂相關知識是多多益善

適用於遊戲開發現場的共通語言並非只有遊戲而已。「電影」、「戲劇」、「動畫」、「漫畫」等與視覺相關的娛樂作品，都可以做為遊戲的參考資料和說明時的共通語言。

多數的遊戲製作團隊成員也喜歡電影、動畫等娛樂作品。有時候從這些主題切入，會比起使用遊戲說明更容易理解。因此，除了遊戲知識之外，娛樂作品的知識量也對遊戲設計師的工作十分有幫助。

運用情緒圖表，從娛樂作品學習情感變化

我們也能夠從遊戲以外的娛樂作品獲取遊戲設計的相關知識。學習方法就和前述的方法一樣，**「情緒圖表」也能運用在遊戲以外的娛樂作品**。同樣可以使用圖表按照時間順序記錄個人

感受的情緒、引發情緒的事由與原因，以及因前述狀況產生的情感與因果關係。

例如：在電視連續劇即將要完結，因為收尾方式產生「好奇後續會如何發展而感到心癢難耐」的情緒。那麼，就可以用具體的文字分析這些感情與事由，將情緒演變過程用文字記錄下來。例如：「這份好奇具體是什麼感覺？」、「是因為連續劇中的哪個事件而湧現這種情緒？」、「這個事件令人感到好奇的原因是什麼？」、「好奇的原因與情緒之間的因果關係為何？」。

電視連續劇的每一集內容都可以用這個方式進行分析。同樣的方法還能套用在漫畫。另外，小說雖然沒有影像畫面，仍然可以使用同一套方式解析情緒變化過程。

遊戲與遊戲以外的知識加乘效果

遊戲以外的娛樂作品自有一套牽引觀眾情緒的Know-how，而其中許多技法都能夠套用在遊戲上。

延續前面電視連續劇的範例，只要在遊戲中複製電視劇結束時「引人好奇」的情緒，同樣能透過遊戲機制來吸引玩家的好奇心，並引導玩家沉浸於遊戲。

前面介紹過，現在的遊戲基本上就是重新排列組合過往的遊戲系統與創意。事實上，可以重新排列組合的項目並不限於遊戲。尤其近年來得益於家用主機、智慧型手機的功能日益強大，遊戲也積極導入電影、動畫的表現手法與技術。

由於娛樂作品牽引觀眾情緒的方法多有互通，所以這些**遊戲以外的娛樂作品要素，也很適合加入遊戲**。這種組合跳脫「遊戲×遊戲」的模式，能夠創造全新的遊戲觀點和創意。也因此，現在的遊戲製作團隊會積極採納不同娛樂形式的Know-how。

遊戲設計師想要提升技能，遊戲之外的娛樂作品知識也十分重要。遊戲知識仍舊是遊戲設計的關鍵能力，不過，已經有許多的遊戲設計師從電影、動畫等領域獲取新的刺激與靈感，並且應用在遊戲中。

POINT

1. 在遊戲開發現場，遊戲知識是幫助彼此溝通的共同語言。
2. 活用遊戲知識，便能在實際作業之前預測作業結果。
3. 玩遊戲時應該有意識地從中學習遊戲設計。
4. 運用「情緒圖表」，認識情緒與該成因的關係。
5. 遊戲之外的娛樂作品知識，也可以成為遊戲開發的助力。
6. 「情緒圖表」也能夠分析遊戲之外的娛樂作品。

「表達能力」取決於思考與輸出

”表達的精準度
會直接影響遊戲的品質“

表達能力上升，遊戲設計師的等級也會上升

遊戲設計師的關鍵能力之一是表達能力

遊戲設計師的工作仰賴表達。如果說程式設計師是使用程式語言工作、平面設計師是使用設計軟體工作，那麼，遊戲設計師就是依靠表達來工作。

在〈**好的「委託」能引導出超乎預期的成果**〉（p117）與〈**「實裝」考驗的是溝通能力**〉（p134）小節中，了解遊戲設計師如何委託遊戲製作團隊成員工作、如何與成員溝通交流。依照不同的遊戲開發狀況，遊戲設計師運用的表達形式也各有不同。遊戲設計師在與遊戲製作團隊溝通時，需要「會話能力」；委託成員工作時，則需要「文書撰寫能力」；運用文字與口頭表達來傳達製作概念，則需要「簡報能力」。遊戲設計師會依照工作需求及用途，決定最適當的表達方式。

遊戲設計師所有的工作場域，皆仰賴表達進行溝通交流。換句話說，表達能力是遊戲設計師最重要的能力之一。因此，只要提升表達能力，遊戲設計師的基礎能力便可以有效升級。想要提升表達能力，則必須具備**表達的「精準度」和「簡潔度」**。

表達的精準度會直接影響遊戲品質

遊戲設計師應該要「**精準地**」進行表達。

在日常生活中我們時常使用「好玩」、「好看」、「可愛」來形容事物，但是在遊戲開發現場，這些詞彙遊戲設計師反而應該避免使用。因為這些形容詞無法具體地傳達需求。

尤其，遊戲設計師必須對自己拋出的話語負起責任。遊戲設計師丟出的每一句話，都將驅動遊戲製作團隊花費時間和金錢實現。所以，遊戲設計師能否精準進行表達至關重要。

假設遊戲設計師要求遊戲製作團隊「把這裡改得更好看一點」，可能造成接收者無法正確理解，不知道該從何下手修改，最後只能憑直覺摸索而增加錯誤機率。又或者，遊戲設計師表示：「這個夠可愛，過關」。負責人因為不知道究竟是哪個地方受到肯定，只能一頭霧水地接受合格的結果。也無法把這個優良設計應用到別的地方。

想要避免陷入上述的困境，遊戲設計師在表達時需要注意用詞的精準度。並且思考如何才能具體地告知對方，哪些地方做得好、哪些地方可以再進一步改善。

遊戲設計師的用詞愈精準，就愈能減少無意義地反覆確認。這樣一來，就能投注更多時間與力氣在遊戲製作上。這就是為什麼**遊戲設計師的表達精準度，會直接影響遊戲品質**。

長篇大論會造成溝通困難

遊戲設計師也應該要「**簡潔地**」表達。

想要精準地傳達事物時，卻往往一不小心就會滔滔不絕說個沒完。也就是，文書資料容易變成長篇大論，口頭傳達時則會說得又臭又長難以理解。

雖然說話者試圖詳盡地傳達腦海的想法，但接收者只會覺得「資訊太多，吸收不了」、「文章太長，看不出重點」。導致無論是使用文字溝通還是對話溝通，最後都會變成「雖然有接收到訊息，但完全沒搞懂」的情況。甚至有時候，程式設計師和平面設計師會因為文件資料「太冗長」，乾脆跳過資料不閱讀。對遊戲設計師來說會很傷心，但也是不得不面對的現實。

為了避免上述的狀況一再發生，遊戲設計師在溝通表達時不僅要力求精準，還必須想辦法用**簡潔的話語來傳達設計意圖**。

例如，遊戲設計師想要求「把這裡改得更好看一點」，可以改成「請將動畫上的剪影再放大一點，讓效果更加醒目」，或是「請將角色最終姿勢的靜止時間延長一點五倍，以利玩家辨識」。請簡潔明瞭、並具體地說出想要將東西變更成什麼樣子。

接收者獲取正確的資訊，溝通才有意義

遊戲設計師的工作之所以仰賴表達能力，是因為必須先讓對方理解自己的意圖，才能繼續推動工作前進。

不過請不要誤會，表達並不是把話語丟出去就可以了。遊戲開發過程的溝通關鍵，並不是從遊戲設計師的角度說了什麼。而是**在於遊戲製作團隊是否有接收到完整的資訊，並且正確地理解遊戲設計師的意圖**，溝通才能成立。

每間遊戲公司和每個專案的遊戲製作方式皆有不同，加上遊戲製作團隊的成員來自不同的公司。因此在溝通過程中，十分考驗遊戲設計師能否精準且簡潔地表達設計概念。

所以，遊戲設計師該如何學會能夠精準且簡潔地的表達？

筆者認為，在表達之前應該先完成兩道程序，一個是在腦海構思內容的「**思考程序**」，一個是將想法訴諸於口的「**輸出程序**」。兩個程序的執行內容說明如下。

控制思想
便可控制表達內容

發話前，先在腦袋整理思緒

想要精準且簡潔地進行溝通，也就是在輸出表達內容之前，得先在腦袋裡將發話內容梳理至精準且簡潔的狀態。

一般來說，無法精準又簡潔地說明時，可能是因為說話前尚未整理好發話內容；或者發話者雖然已經構思好內容，卻無法順暢地用語言傳達。而這兩種問題的因應方法並不相同。

如果還沒有想清楚自己「要做什麼」、「想表達什麼」、「作業關鍵是什麼」，就試圖以文字或文章輸出，結果當然不可能順利。這種情況下，通常輸出內容會與想像不符合，或者未構思完善的部分將說明得很模糊，導致輸出內容缺乏精準度。

無法順利表達個人意圖時，建議先停下來，確認自己是否已經整理好思緒。

至於如何在輸出表達之前，先將思緒整理至精準且簡潔的狀態，說明如下。

將想說的內容濃縮成一句話

無法精準且簡潔地溝通，通常是因為開口前尚未決定傳達事項的重要性和優先順序。這時候請捫心自問：「要怎麼將這些事濃縮成一句話？」

在思緒清楚的情況下，其實只要一句話就能讓對方了解溝通意圖。因此建議各位讀者養成習慣，在思考要如何將想法傳達給接收者時，務必要想一想，如何將想法濃縮成一句話。

如果對這套做法沒有概念，覺得很難執行，一開始可以先從設下字數限制開始（例如「必須將想法濃縮至三十個字以內」）。

為了將想法濃縮成一句話，勢必要刪除多餘的內容。換句話說，最終保留下來的，便是遊戲設計師特別重視或是必須要堅守的部分。

因此，在推敲思索的過程中，遊戲設計師的優先作業事項與遊戲的核心本質自然會浮現。

精準、簡潔地進行表達的程序

思考 ⟶ **輸出**

在腦海整理思緒　　篩選用語

文字的一字一句都蘊藏著意義

將想法濃縮成一句話之後，還不能輕忽大意。接下來，要將這句話變得更加精準和簡潔，以便接收者更容易聽懂。這時候的工作關鍵就是「**篩選用詞**」。

即使是描述同一件事的詞語，也可以找出意思最符合概念的詞語來表達。例如「破壞」一詞，就有許多具象的形容方式。

「破壞」
「搞破壞」
「徹底破壞」
「摧毀」
「打壞」
「拆毀」
「破滅」
「倒塌」
「打垮」
「七零八落」

「損毀」
「毀壞」
「擊垮」
「損壞」

如範例所示，即使同樣在描述「破壞」，每個詞語的意義與語感仍有不同。選擇最適當的詞語，在「破壞」一詞中賦予更多意義。

總結來說，想要提升表達的精準度及簡潔度，就應該**珍惜每個字詞，慎重地選擇符合自己想法的詞語**。

選詞能力與詞彙量有正相關，過往的閱讀量將決定能夠使用的詞彙量和描述方式。這個能力並非一時半刻就能建立，建議可以多加閱讀小說等書籍增進相關能力。

培養精準選擇用詞的習慣

無論選擇使用對話還是文章溝通，對仰賴表達維生的遊戲設計師來說，國語是優先學習科目。除了從義務教育中已經學習到的，遊戲設計師所需的語文能力也應該繼續強化。筆者認為最好是從日常生活中，就要養成有意識地篩選精準措辭的習慣。

建議讀者透過文章、信件等能夠靜下心來思考文字內容與表達的方式，慢慢訓練如何精簡扼要地表達。較不推薦需要立即下判斷的即時對話做練習。

「簡報」最能完整表達概念

遊戲設計師必須面對各種表達想法的場合

梳理好腦海的概念之後，接著就要進入「輸出程序」，將腦海的想法傳達給對方。

遊戲開發過程中，遊戲設計師會面對各種需要表達個人想法的場面。例如：委託遊戲開發成員製作遊戲素材、在調整階段要求成員修改素材、在日常對談間提供問題解決方案等。

不同場面的溝通方式形形色色，有時是用文件溝通、有時則需要口頭溝通。下面將說明，在**任何工作場合都可以發揮功效的「輸出方法」**。

在「說明」之前，要先「說服」別人

遊戲設計師要將想法傳達給遊戲開發成員時，**首要工作是「說服」成員，而非進行「說明」**。說明是指發話者向接收者解釋要傳遞的資訊。說服則是指以情感遊說，使對方心悅誠服。

說明與說服都十分重要，但是在說明委託事項之前，如果能夠先讓對方認同執行的緣由，將有助於理解委託的內容。

遊戲開發的過程十分複雜，遊戲設計師在向遊戲製作團隊傳遞資訊時，總有許多必須傳遞的細節。而想要製作出一款遊戲，遊戲設計師就必須正確且縝密地傳達委託需求。

從現實面來說，人與人溝通時本來就不可能百分之百完整傳達意思。因此對接收者來說，無論事前的說明多麼仔細完善，一定會有部分資訊缺漏。當掌握的資訊有所缺漏時，人的大腦就會自動補足缺失的內容。這時就會考驗接收者對委託內容的理解程度。

而說服的過程就是在幫助接收者理解委託需求，簡單來說，就是讓接收者對遊戲設計師的需求產生共鳴。對委託的原委產生共鳴之後，將改變接收者接收資訊的方式。

換句話說，如果沒有先讓接收者產生共鳴，只是一味告知委託事項，那麼這些資訊很容易左耳進右耳出。因此，遊戲設計師在傳達事項時，務必要先說服遊戲開發成員，讓他們產生認同感。

「簡報」可以增加說服力

該如何才能說服對方，使對方心悅誠服呢？最有效的方式就是用「簡報方式」進行溝通。簡報的英文是Presentation，是指使用簡潔易懂的視覺化資訊展示個人觀點，幫助聽眾理解。在向客戶提案企畫、公司內爭取預算時，時常會使用簡報進行。

基本上簡報必須在有限時間，向多位聽者展示提案內容，並獲得聽者的「同意」。換句話說，簡報的目的是取得眾人同意。因此內容說明只是簡報的手段，最終目標還是要說服每位聽者。

因此，遊戲設計師與遊戲製作團隊日常溝通時，**可使用簡報技巧效說服聽者，使聽者產生共鳴**。簡報技巧不僅可以應用在日常會話，也可應用在文件溝通。

「結構設計」與「內容刪減」

要將表達內容轉換成簡報，需要「結構設計」與「內容刪減」。

好的簡報關鍵在於內容結構。簡報通常有時間限制，因此沒有說廢話的餘地。設計簡報結構時，應該思考如何配置解說順序與時間，才能以最低限度的要素，將意圖以最大限度傳達給聽眾。

遊戲設計師要將表達的內容用簡報方式呈現時，也是套用同一套邏輯。請**徹底去除簡報內容中冗雜的內容**，例如「意義不明的描述」、「冗贅的形容詞」、「冗長的說明」、「單調重複的敘述」。接著，請思考最具效果的解說順序，安排簡報內容。反覆刪改、替換內容之後，簡報內容就會愈簡潔扼要。

透過實際簡報發表，練習簡報技巧

想培養簡報能力，最有效的方法就是實際上台演示簡報。請站到人前，在有限時間內運用口才說服現場聽眾。有些事只有親自體驗才能察覺。假如是不擅長簡報的人，開頭可能會覺得很挫折。但只要累積實戰經驗，簡報能力自然會隨之提升。畢竟不先踏出第一步，就無法累積出成果。所以只要找到機會，請一定要試著自我挑戰。

除此之外，觀看優秀的簡報展演，也能學到簡報技巧。推薦各位可以觀看由美國的非營利團體「TED（Technology Entertainment Design）」發布的「TED大會」（TED Conferences）系列演講影片。這系列影片有英文、日文、中文，並且皆可免費觀看。

https://www.youtube.com/user/TEDxTalks

在「TED」可以看到各領域專家如何做簡報展演，觀看影片不僅可以學習簡報技巧，還可以增廣見聞。

這系列影片的受眾是全世界聽眾，因此講者在簡報時**無法針對特定聽眾，從他們偏好的知識、興趣或經歷切入，而且簡報內容必須要能引起廣泛群眾共鳴**。

這時候尤其要關注的重點，便是簡報的結構。可以仔細觀察「一頁簡報的平均資訊量」、「如何運用動畫強化關鍵資訊」、「在表達關鍵標語和數字時，該選擇哪種字型與文字大小加強視覺效果」。如此一來，就能掌握「刪減內容」的訣竅。如果想將個人創意與主張傳達給世界每個人，就必須盡可能刪除會阻礙聽眾理解的資訊。從這些簡報影片見習，將會很有幫助。

遊戲開發是由一群擁有不同知識背景的成員進行團體製作，遊戲設計師不該妄想團隊能靠無聲的默契合作，而是努力提升個人表達能力，**讓每個成員皆能理解設計意圖**。

POINT

1. 遊戲設計師必須有「精準」且「簡潔」的表達能力。
2. 發話之前先在腦海「構思」，再藉由「輸出」表達。
3. 「構思」：將想法濃縮成一句話。
4. 精選用詞，理解每個詞語背後都蘊藏著意義。
5. 「輸出」：在「說明」之前，要先「說服」別人。
6. 「簡報」：藉由簡報結構與內容刪減，培養簡潔扼要的表達方式。

「個人能力」從八十分上升至一百分的關鍵

”世界上只有自己獨有的第一手資訊“

豐富個人性格，突破遊戲極限

遊戲因為有遊戲設計師的個性，才能變成一百分

每個人都能輕鬆學會的遊戲設計準則Know-how，就像是一把現成的武器，能夠幫助遊戲設計師披荊斬棘。

本書介紹的準則Know-how旨在幫助每個人穩定生產出工作成果。

不過，準則只是準則而已。

日語有句話叫做「守破離」，這句話是日本人認為學習武道、茶道、藝術和運動時最理想的三個學習階段。「守」指遵守基本的功夫與教誨；「破」指汲取精華後化為己用；「離」指脫離基本功夫與教誨限制，創造個人獨門的招式。

這個道理也可使用在遊戲設計上。

基本上準則Know-how能夠幫助各位完成「守」階段所需的一切，幫助取得八十分的製作成果。但是，如果想要創造超越八十分的成果，就不能只懂得基本招式，而必須進入「破」和「離」的階段。

決定遊戲能否接近滿分的要素，便是遊戲設計師的「個性」。

遊戲不僅是商品，也是作品。遊戲會**反映出創造者的性格與風格，這些要素會形成獨一無二的色彩與特色**。富有特色的作品，才有機會超越八十分，獲得更好的評價。

準則的功能是減少犯錯的機會

要讓遊戲從八十分上升至一百分，為何會需要創作者的個性？

因為製作遊戲沒有標準答案，惟有在遊戲正式推出以及使用者親身體驗之後，才能得知哪些地方做得好、哪些地方做得不夠好。**準則**

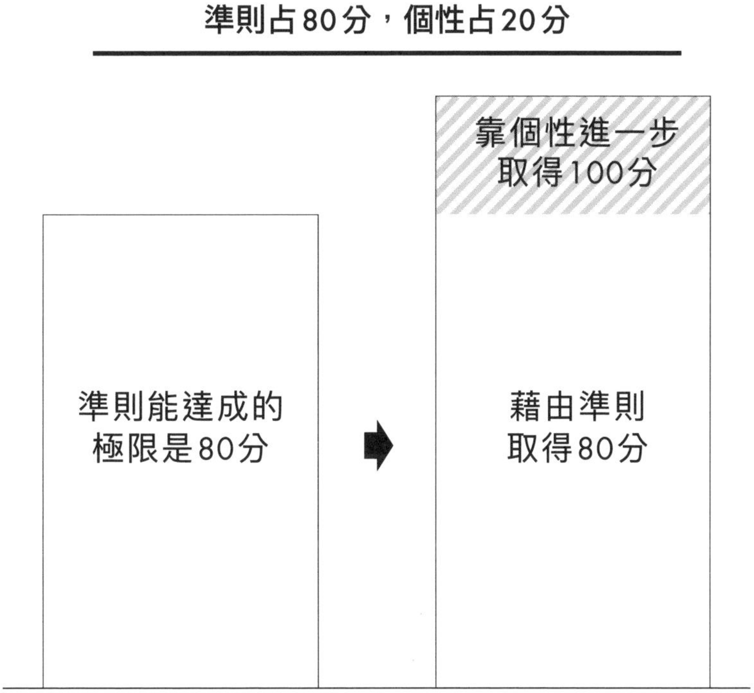

Know-how只能幫助我們減少犯錯的機率。過往的實際案例和Know-how雖然能夠讓遊戲設計師減少走錯路的機會，也就僅此而已。

一款遊戲最終可實現的高度，已經不是準則Know-how能夠輔助的範疇。在沒有標準答案的遊戲製作戰場上，一切只能依靠自己。而正是這個創作者的個人意志，會成為決定遊戲走向的判斷基準，同時也能反映創作者性格之處。

換句話說，想要超越準則Know-how，挑戰更高遠的目標，遊戲設計師就必須展現個人風格。也就是，遊戲設計師應該盡量豐富個人的人格特質。

親身經歷能孕育人的性格

親身經歷建立的價值觀，將成為遊戲設計師的個性

個性是每個人生而具備之物。即使沒有特別努力豐富個人特質，每個人也都擁有各自的性格。

或許有人會以為個性是指先天具備的才能，或認為個性也有優劣之分，但事實上人的個性並沒有所謂優劣。在這個前提之下，世界上的確有些性格特質能使得遊戲設計更具色彩與特色。那個特質就是，**藉由親身經歷建立的價值觀**。

惟有第一手資訊能建立專屬的性格

在網路及社群網站普及的現代，現代人能透過搜索輕鬆獲得所需資訊。即使是沒有玩過的遊戲、沒有看過的電影、沒去過的國家與景點、未曾體驗的活動等資訊，都能輕易地從網路獲取相關資訊。

也就是說，網路與社群網站上流通的資訊，基本上都是經由某人轉述、拍攝或是彙整而成，也就是二手資訊或是三手資訊。

這些資訊雖然能**幫助增廣見聞，但卻無法幫助遊戲設計師發揮個人的風格**。

僅有自己知道的資訊才有價值

二手或是三手資訊之所以無法發揮遊戲設計師的個人風格，原因非常簡單。請想像一下，從一百萬人都知道的資訊中誕生的創意，與只有一百人知道的資訊中誕生的創意，哪一個創意的個人色彩更豐富？

前者獲取的是普羅大眾熟悉的資訊，既然眾多的人擁有相同的資訊，那麼別人也很可能會創造出與自己極為類似的創意。可是，**當只有極少數人與自己共享相同的資訊，可以想見，發想的創意與他人相仿的可能性將非常低**。

親身經歷的體驗，將成為個性的養分

在現代社會，只要是非親身經歷獲取的資訊，其他的千千萬萬人也可能會擁有相同的資訊。當我們從這些資訊中發想創意時，有非常高的機率會遇到其他人也在設想同樣的事、或是執行類似的創意。

而且玩家也可能會接收到相同的資訊。當玩家在遊戲中接觸的都是似曾相識的資訊與內容時，要牽動他們的情緒就更加困難。遊戲設計師何必大費周章地創造一個對自己不利的局面？

第一手資訊是產出個性的養分。所謂親身經歷建立的價值觀，只限於**個人真實體驗獲得的感受**。因此，遊戲設計師過去能有多少真實體驗，將決定他能在遊戲中展現多少性格。

擷取事物的觀點會展現人的性格

自由操縱自己獨有的資訊

豐富親身經歷來建立價值觀的方法很簡單。只要實際靠近、觀賞、感受、觸摸、品味世界萬物即可。實地經歷之後湧現的想法和概念，都屬於第一手資訊。

以登山為例，請試著用語言描述登山過程的體驗、攻頂瞬間的感悟、下山過程的感受，從任何地方著手都可以。例如：「山上的空氣」、「搶眼的植物」、「錯身而過的山友」、「相遇的動物」、「入目的景色」、「身體的疲勞感」等，都是值得描述的題材。即使同樣是爬山，即使出發的日期時間和選擇的路線都相同，因為每個人選擇切入的方向不同，隨之感受到的事物也會截然不同。

即使是同一事物，**因為「擷取角度」的不同，將會彰顯個人獨有的性格**。

人類性格的根源，來自於對某些事物獲取的經驗和觀察。因為**從個人偏好擷取出的第一手資訊，將會是世界獨一無二的經驗**。

重複累積只有自己才擁有的寶貴經驗，最終就會形塑成為個人的價值觀。譬如惟有親自登山一趟，才能累積這種真實經歷與感受。切勿以為光靠網路的資訊，就能夠了解一座從未攀登的高山。

透過多樣的體驗建立風格

究竟該獲取哪些體驗的第一手資訊，才能幫助自己建立個性？答案是「什麼都可以」。任何事物都可以是第一手資訊來源，而且每種經驗都有機會轉用在遊戲設計之中。

有個學生曾經詢問過我：「如果想進入遊戲產業，在學生時期應該做好哪些準備？」對此我的答案是：「**你現在體驗的任何事物，都有可能在未來派上用場。建議無論什麼事情都去積極挑戰看看。**」

除了遊戲之外，建議各位多多觀賞電影、動畫等娛樂作品。如果想培養獨特的性格，則可以關注其他人不太關心的興趣或是知識。或者可以趁著學生時期體驗一些只有學生才能經歷的事物，例如：打工、參加社團活動。

想累積異世界體驗，就去異國旅行

筆者很推薦「旅行」。如果能夠拜訪名勝古蹟、世界遺產等國際聞名的觀光景點尤佳。因為這些景點基本上已經存在上百年，在漫長的時間長河中，持續地吸引了世界各地的男女老少前往。這種景點就像是迷人的藝術品，因為具備頂級魅力，所以備受眾人青睞。

遊戲做為一種娛樂作品，可以藉由**分析備受喜愛的觀光勝地為何能牽動旅客情緒，學習遊戲設計的訣竅**。

如果能前往語言不通的國家旅遊，還可以感受「異世界生活」的體驗。假如正在製作RPG遊戲，想安排玩家進入全新的世界，這段經歷就能做為參考資料，表現出異世界生活的非日常經驗。透過改變自己置身的環境及積極接觸各種新事物，進而建立嶄新的價值觀。

真實經歷並沒有優劣之分

無論是何種經驗，只要是親身經歷就一定會增加新觀念。而這些觀念沒有優劣之分。就算你的體驗感想與大部分人相悖，也毋須在意。反而，**對事物的觀察視角、感受與多數人截然不同，那部分正是獨特的個性所在**。

如果想要豐富個人性格、強化遊戲設計時的風格，建議多方挑戰新事物，並且累積對日常生活的觀察。

POINT

1 活用遊戲設計師的個性，打造接近滿分的遊戲。
2 準則 Know-how 僅能輔助遊戲設計師減少犯錯的機會。
3 親身體驗的經歷會打磨價值觀，建立專屬的個性。
4 惟有第一手資訊能成為知識養分。
5 找出自己「擷取事物的觀點」，建立獨有的風格。
6 多樣的體驗建立多元的性格。

CHAPTER 6

遊戲設計師的挑戰

以「準則Know-how」為武器參與實戰

”創造能夠全心揮舞武器的環境“

即使不是遊戲設計師，也能在實戰中測試武器效果

武器在戰場上才有用武之地

截至目前為止，了解了任何人都能輕鬆學會的遊戲設計準則Know-how。也理解擁有了基礎能力，才能夠最大限度發揮準則Know-how的功效。

最後一個階段，則是**在實戰過程練習使用這些武器**。

備齊精良武器卻從不使用，可稱不上學會遊戲設計技巧。武器必須在戰場實際使用才有意義。

任何人都可以嘗試的三種挑戰

遊戲設計師面對的戰役是什麼？答案是以遊戲設計師的身分參與遊戲開發，並在專案中負責遊戲設計的工作。

不過並非每個人都那麼幸運，能夠有機會擔任遊戲設計師一職。對於有志加入遊戲產業的

人、或意圖轉職成為遊戲設計師的人來說，光是要獲得遊戲設計的實戰經驗就已是困難重重。而且即使成為遊戲設計師，也可能因為公司或專案指定的工作範圍有限，根本沒有機會按照自己的想法工作。

裝備著武器，不代表已經學會武器的使用方法。想要讓武器徹底變成己用，就必須**找到不受環境限制，也能盡情揮舞武器的方法**。

即使不處於遊戲設計的環境，也能自行創造練習環境的三種方法：

- **「記憶之戰」：熟記每一種準則Know-how。**
- **「失敗之戰」：做好使用武器的心理準備。**
- **「常識之戰」：創造可以揮舞武器的練習環境。**

透過這三種挑戰，就可以在非遊戲設計的工作內容中練習武器用法。

出戰之前的準備運動很重要

前述的三種挑戰，就是實戰訓練。

如果已經身在遊戲設計的戰場，這幾項挑戰也可當做事前準備訓練看待。這就好像在全力出賽之前，如果沒有做好暖身運動，會讓身體受傷。**遊戲設計的準備運動，也一樣具有相當成效**。

無論是否身為遊戲設計師、是否有參與實戰的經驗，學會準則Know-how之後，請試著挑戰這三種實戰訓練。

記憶之戰：融會貫通每個準則Know-how

不知不覺就被忘記的武器

持有武器不代表已經能夠變為己用。在熟練武器的使用方法之前，更重要的是不能忘記自己有哪些武器。

一般人**遇到的第一個難關，就是忘記自己持有哪些武器**。

德國心理學家赫爾曼・艾賓浩斯曾提出「艾賓浩斯的遺忘曲線」這個理論。這條曲線能夠顯示人的記憶隨著時間流逝會產生何種變化。日本於一九七八年出版的《記憶——實驗心理學之貢獻》便曾介紹這個理論。

根據這個理論，人的記憶與時間的關係如下圖。

- **二十分鐘後：會忘卻四二％的記憶內容**
- **一小時後：會忘卻五六％的記憶內容**
- **一天後：會忘卻七四％的記憶內容**
- **一週後：會忘卻七七％的記憶內容**

換句話說，人只要一天的時間就會忘記半數以上的記憶內容。

假設你閱讀本書後覺得「這個做法真棒」、「好想實際應用看看」、「在工作中嘗試一次好了」。很遺憾的，只要經過一個月，大部分內容應該已經忘記了。人類的記憶就是這麼經不起考驗。因此拿到武器之後，必須想辦法讓武器的用法烙印到記憶中。

將武器轉換成長期記憶

人的記憶分成「短期記憶」、「長期記憶」兩種。

短期記憶指的是暫時儲存的資訊。多虧短期記憶，讀書時才能記得前面章節的內容，並理

艾賓浩斯的遺忘曲線

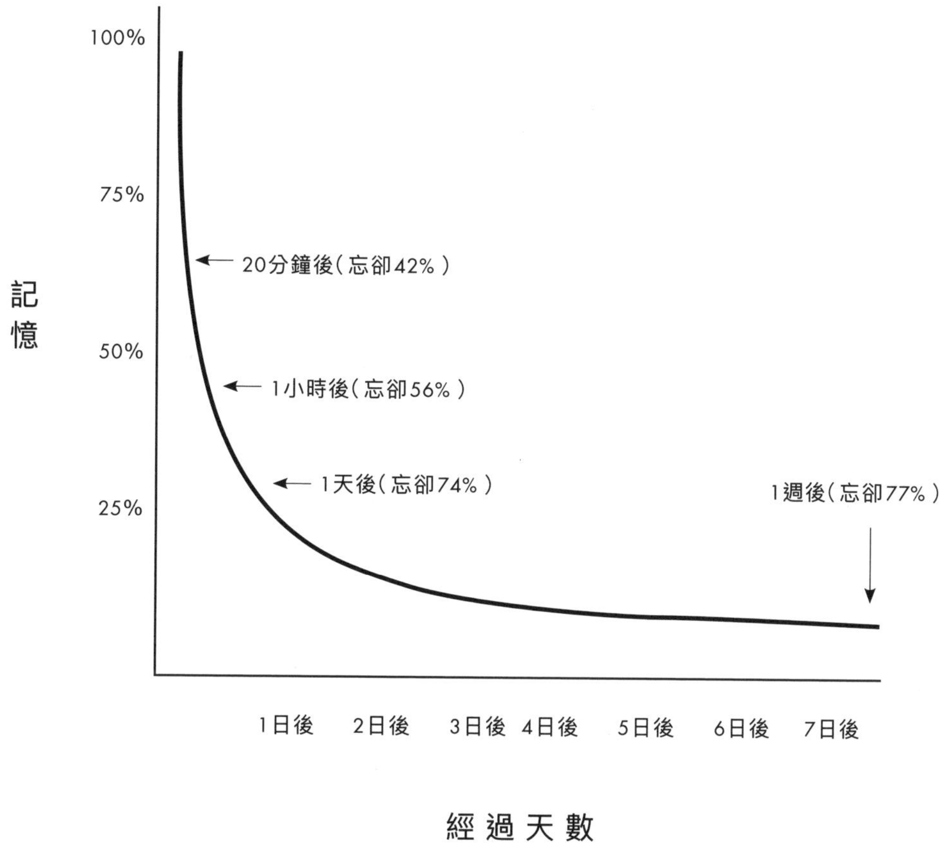
100%
75%
50%
25%
記憶
20分鐘後（忘卻42%）
1小時後（忘卻56%）
1天後（忘卻74%）
1週後（忘卻77%）
1日後
2日後
3日後
4日後
5日後
6日後
7日後
經過天數

解後續的故事。長期記憶是能夠長時間保存的資訊。長期記憶讓我們能夠記得以前去過的場所、或是孩童時的回憶。

據說短期記憶最多只能記住七項事件，能夠記得的時長大約只有十秒至一分鐘。長期記憶則沒有任何限制。換句話說，如果想牢記某件事物，就必須將其轉換為長期記憶。

在日常生活中測試遊戲設計的武器

要將記憶轉換成長期記憶，關鍵就是複習。複習的次數愈多，就能減緩忘卻的速度，自然就能轉換為長期記憶。

你可以反覆閱讀本書，達到複習的功效。或者也可以選擇更有效的做法，也就是實際應用。比起單純閱讀文字，與人類感官連結的體驗和印象深刻的經歷，都能有效地將記憶轉換成長期記憶。

即使不是遊戲設計師，也能實際應用這套準則Know-how。事實上**本書介紹的許多Know-how，都能夠應用在非遊戲設計的各種大小事中**。即使現在尚未有機會接觸遊戲設計，也可以在日常生活中複習各種遊戲設計技巧。

例如下面三種應用技巧：

- 設定目標
- 底線
- 表達能力

「設定目標」的日常生活應用

請在日常生活的各種場景，練習第三章〈**一切都是從「設定目標」開始**〉（p82）所教授的技巧。

無論設立的目標有多麼微小，都應該明確找出「行動的目的」。假設決定要「減肥」，這時候切勿只是模糊想像「我要瘦下來」。**應該找出「行動的目的」**，進而設定減肥的目標。例如將目標設定為「改善健檢結果」、「穿上因肥胖穿不下的喜歡的服裝」或是「增肌減脂」。接著，再依照制定的目標，設計具體的「期限」、「目標數值」和「執行方法」。

「底線」的日常生活應用

請在**應對日常生活的意外事件時**，練習第四章〈**加速決策的方法2「底線」**〉（p199）所教授的技巧。

舉例來說，旅行前通常會先安排旅遊計畫，決定要前往的地點。尤其如果是難得的海外旅行，通常會縝密地進行事前調查和制訂精密的行程規劃。可是旅行過程難免會遇到不如意事，例如「本該開放的觀光景點大門深鎖」、「抵達事先查好的餐廳，才發現已經客滿」、「身體不適，早上無法在預定時間起床」。

建議不要追求訂定滿分的行程，而是規劃一個最保險的行程，例如「至少要去這裡晃一晃」、「只有那道料理千萬不能錯過」。這樣一來，即使遇上最糟的狀況，也能機敏地臨機應變。也就是從底線開始往上加分的做法。

「表達能力」的日常生活應用

在日常溝通時，可以練習第五章〈**「表達能力」取決於思考與輸出**〉（p261）所教授的技巧。

在日本十分重視工作的「**報、聯、商**」，意思就是工作彙報、聯絡、商談。可善用這幾個狀況，練習如何用「精準」、「簡潔」的方式進行溝通。

在「向上司彙報工作進度」、「聯絡團隊成員共享工作資訊」、「與同事商談工作問題」時，都必須向溝通對象傳達正確資訊。如果能夠用簡明扼要的方式進行說明，就能縮短溝通時間，達到雙贏的效果。在「報、聯、商」時注意遣詞用字，便能達到磨練表達能力的效果。

如上述範例所示，遊戲設計的技巧也能活用在非遊戲設計的情境中。請在日常生活中盡情複習本書的技巧，徹底融會貫通。

失敗之戰：利用準則Know-how控制失敗

不要畏懼失敗，多多練習遊戲設計技巧

有時候即使有能夠練習的環境，仍會因為某個強烈因素而抗拒練習。那就是**對失敗的恐懼**。人在迎接全新的挑戰時，會對挑戰的結果感到不安，並不斷想像後續可能面對的各種困難。

在熟練遊戲設計技巧之前，不免會遭受大大小小的失敗；即使掌握了遊戲設計技巧，在實戰時或多或少還是會經歷幾次失敗。

俗話說：「失敗為成功之母」。意思是即使遭遇失敗，只要找出問題、精進方法和改善缺失，失敗的經歷反而能帶領我們邁向成功。

不過這種心理障礙的麻煩之處，就是即使深知這個道理，還是會感到恐懼。所以在實際迎接挑戰之前，要先認識失敗的本質，並試著降低恐懼感。如此一來，在**正式應用所學的關鍵時刻，才能做好全力揮棒的準備**。

理解失敗的結構：「落敗」、「失分」、「失誤」

理解失敗的本質，能幫助我們擺脫面對失敗的恐懼。

一般人往往對失敗抱有負面印象，基本上是避之唯恐不及，不願有半點瓜葛。不過只要認識失敗的核心，其實失敗一點也不恐怖。

失敗依據類型大約可歸納成三種類別：

- **落敗**
- **失分**
- **失誤**

若以運動為例，「落敗」就是指輸了一場比賽；「失分」指被對手贏得分數，或者失去原本持有的分數；「失誤」指讓敵人有可趁之機，使自己落於下風。

在各種失敗的類型中，唯一需要避免的只有「落敗」。因為只要最後能夠贏得比賽，無論比賽過程有多少次「失分」或「失誤」都沒關係。

如果以營運型遊戲為例，「失誤」就像是遊戲發生「未預期的錯誤」；「失分」就像是發生「不利於使用者的事件」；「落敗」則是指遊戲的「營業額低迷或是使用者減少等實際損害」。

如果想學習與失敗相處，就請拋棄只認同滿分結束的完美主義。這就好像比賽不可能每一場都能以完封、完全比賽收場一樣。一開始就接受比賽難免會有失分與失誤，心情會好過一些。

況且，想要贏得比賽，就必須奪得分數；想要奪得分數，就必須冒點風險。然而面對的風險愈大，產生失誤與失分的情況就會愈多。

從正向的角度來看，失分與失誤正反映出積極迎接挑戰的態度，以及對勝利的渴望，這反而是十分寶貴的經驗。

人的一生不可能毫無失分與失誤。既然無法避免失誤，那麼就應該保持健康的心態，設法活用每次失敗的經歷。

積極累積「落敗」以外的失敗經歷

在正式上戰場前，建議大家多累積失敗的經驗。

在遊戲開發的實務現場，基本上不會容許冒險挑戰從未嘗試過的技術。甚至沒有能夠失敗的機會。

能否融會貫通準則Know-how，將準則轉變成自己的武器，取決於能獲取多少挑戰的機會，累積「落敗」以外的失敗經歷。

你可能會擔憂，該怎麼判斷哪些挑戰機會才可以累積「落敗以外的失敗經歷」。請大可放心。遊戲開發現場**很少會讓可能「落敗」的關鍵時刻讓打者站上打席**。所以大部分情況下，不必過度擔憂自己會鑄下大錯，就儘管放膽嘗試吧。

從某個層面來說，大可認為自己經歷的戰役即使失敗也無所謂，繼而積極迎接挑戰。

常識之戰：將準則Know-how轉換為共通語言

向周遭眾人推廣學會的武器

想要快速融會貫通使用武器的技術，關鍵是**創造一個環境，讓自己能毫無顧慮地使用遊戲設計技巧**。

如果工作環境或工作氛圍會限制無法盡情發揮，那麼根本不會產生想練習的意願，自然無從熟練遊戲設計技巧。如果遇到遊戲製作團隊成員發牢騷抱怨他人，難免會因此退縮，最糟的情況是還因此與他人產生紛爭。所以遊戲設計師應該透過使用武器，致力幫助遊戲製作團隊認識遊戲設計師的作業方式與思維。

在實際應用本書教授的Know-how技巧之前，建議先與遊戲製作團隊溝通，讓團隊明白：「遊戲設計的作業順序是先設定目標、提供創意點子，接著才向遊戲製作團隊提出委託、安排實裝與調整」。預先取得周遭眾人的認同，便可減少後續的誤會。

如果遊戲團隊在工作時都能採取這套思考模式，便可增進雙方溝通的共通語言，進而減少溝通成本。遊戲屬於團隊合作，參與的成員如果能運用同一套工作技巧，將能發揮更大的效益。

換句話說，在**正式開工之前，遊戲設計師能否讓遊戲製作團隊充分理解準則Know-how，可說是至關重要**。

講解給別人聽，增進個人理解

自行打造易於練習技巧的工作環境，還可以帶來其他效益。那就是能夠加深自己對遊戲設計技巧的理解。

想要教別人，自己要先深刻理解內容。有時以為自己已經能夠出師，但是要解說給別人聽時，才發現無法完整地說明概念。直到這時才會察覺，自己還未徹底消化理論、或者尚未正確掌握技巧的核心概念。

學會技巧之後，必須能夠教導他人，才算真正掌握技巧。因此對遊戲設計師來說，推廣、傳授遊戲設計準則Know-how，不僅能讓他人理解遊戲設計師的工作，還有助於自己學習，可說是有一石二鳥之效。

使用視覺化資訊，說明作業意圖

那麼該如何推廣遊戲設計技巧？建議將關鍵資訊轉化為淺顯易懂的內容，並使用視覺化資訊呈現。例如可以利用流程圖呈現工作流程，如此一來，遊戲製作團隊成員便能一目了然地掌握工作程序。

如果要說明遊戲目標，可以先定義遊戲目標在整個開發專案的定位，再講解遊戲製作時想要實現的目標。換句話說，請在**深入講解內容之前，先確保雙方對工作執行方式有共識**。

在執行遊戲設計時，讓遊戲製作團隊認識遊戲創意與企畫內容固然重要。但是，更重要的是先讓所有人知曉遊戲設計師的執行意圖與執行方式。反覆幾次後，團隊不僅能夠理解合作的方法，同時也會慢慢習慣這套工作模式。

如果想創造能夠盡情發揮準則Know-how的環境，可以趁著與團隊溝通時，向團隊分享相關遊戲設計的技巧與概念。

POINT

1 武器要實際使用才有意義。

2 即使不是遊戲設計師，也可以利用武器進行實戰訓練。

3 不想忘記學到的武器，就必須將武器轉換為長期記憶。

4 遊戲設計也可以應用在非遊戲設計的情境。

5 理解失敗的本質，停止對失敗感到恐懼。

6 失敗可分成「落敗」、「失分」、「失誤」。

7 積極累積「落敗」以外的失敗經歷。

8 預先打造能夠練習遊戲設計技巧的工作環境。

「沒有天賦也能學會的作業技巧」：遊戲界未來的可能性

❞ 當「每個人都能夠賦予遊戲趣味性」時，才能夠開啟遊戲界的嶄新未來 ❝

「準則」是遊戲設計師的遊戲開發引擎

沒有遊戲引擎，就沒有現代的遊戲開發

本書介紹的「遊戲設計準則Know-how」，是遊戲設計師可在實戰應用的武器，也**是遊戲開發的「遊戲引擎」**。

遊戲引擎好比是匯聚大部分遊戲必要功能的一個集合體，一般則是指「Unreal Engine」、「Unity」等遊戲開發工具。

遊戲引擎的函示庫有著上千上百種實現遊戲設計的工具，例如：「在遊戲畫面顯示3D角色」、「使角色在3D地圖漫步」、「操縱控制器來移動角色」等功能。這些工具專為遊戲開發人員設計，讓遊戲開發人員能配合遊戲需求添加遊戲功能，並且進行客製化設計。

進入千禧年之後，隨著家用主機的性能提升，遊戲開發成本也隨之飆升。遊戲開發預算從數億日圓，一下子暴增為數十億日圓。在這樣的時空背景下，要是每次安裝同樣的功能（例如「使角色移動」的功能）都得耗費巨資重零開始製作，那就太沒有效率了。於是遊戲產業轉而推崇「**循環使用已經問世的功能**」，讓使用遊戲引擎開發遊戲的方式急遽發展。

從此，遊戲設計師便可運用遊戲引擎的函示庫，輕鬆安裝遊戲的必備功能。而使用遊戲引擎後節省的時間與成本，就能夠分配到其他工作環節。

遊戲引擎只能創造八十分成果

看起來使用遊戲引擎似乎是百利無一害，其實也有弱點。那就是使用遊戲引擎開發的遊戲，最多也只能達到八十分而已。因為遊戲引擎中的工具，基本上是從大部分遊戲的必需功能中取得最大公約數。因此，無法單靠遊戲引擎就創造富有特色的作品。

換句話說，遊戲設計師僅能靠遊戲引擎取得八十分，再依**各遊戲需求新增遊戲元素、安裝客製化功能，進而創造每一款遊戲的個性**。

遊戲引擎就好比是本書教授的遊戲設計準則，能幫助每個人創造八十分的成果。

期盼遊戲界能使用共通的遊戲設計Know-how

本書整理的準則Know-how與遊戲引擎之間有一個共通點。那就是旨在建立業界的「共通標準」。

遊戲引擎的特色是，藉由活用遊戲界的共通Know-how，創造更優質的成果。遊戲引擎能夠進化至今，是因為人們樂於彼此分享使用心得，並在遇到問題時協力解決問題。而非由某個人或事某間公司壟斷所有的知識與好處。

除了遊戲引擎本身不斷優化之外，有許多人會撰書出版、在網站公開遊戲引擎的使用知識。這些公開知識最後都會累積成整個遊戲界共享的通用Know-how。

隨著時間流逝，當有愈多人使用這套Know-how，就能以滾雪球的形式創造更多Know-how，最後**升級活化整個遊戲界**。

遊戲引擎占80分，客製化占20分

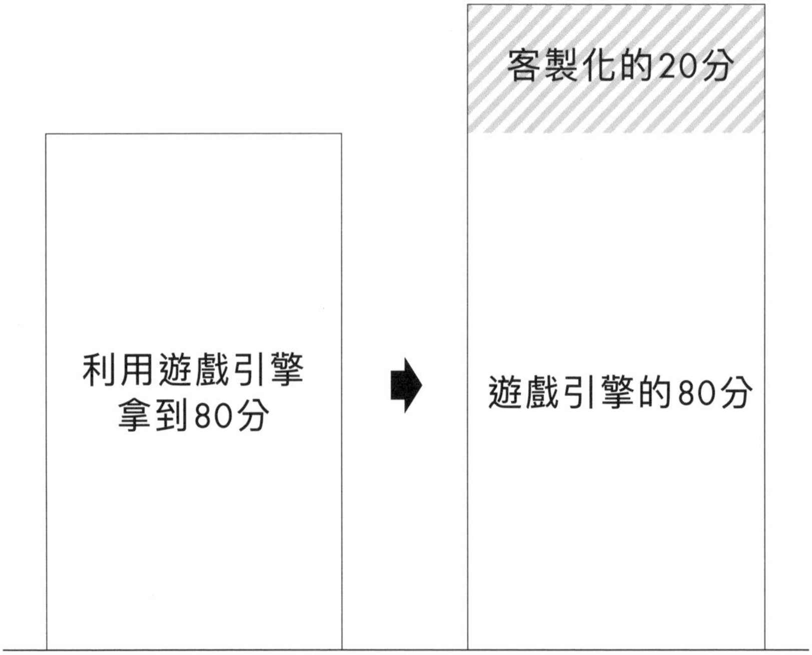

創造遊戲設計首見之共通規格

本書內容是以遊戲設計師可使用的「共通規格」為核心而編纂的書籍，實為遊戲界首見。

除了遊戲引擎之外，遊戲界在「C語言」、「Java」等程式語言；「Maya」、「Adobe Photoshop」等繪圖軟體領域，皆有一套業界共通的通用Know-how與工具。

惟獨遊戲設計沒有一套共通Know-how。因為遊戲設計師工作中許多要素難以理論化，至今為止的傳承方式，基本上是以人為主，採取模仿學習或者單傳給一個繼任者的方式。

這個現象使得許多遊戲設計師光是要取得八十分都格外困難。導致只有少數天資聰穎、或者運氣好的遊戲設計師，才有機會取得超過八十分的成績。

就像遊戲引擎為整個遊戲開發注入一股活水般，筆者認為，如果遊戲設計也有像遊戲引擎這樣的存在，勢必能促進遊戲設計師創造更好的成果。

本書主旨是幫助每個人輕鬆創造八十分的遊戲設計成果。因此，筆者彙整了大部分遊戲必需的遊戲設計Know-how，製作成準則並以類函式庫的方式提供。

衷心期盼本書能成為遊戲界的遊戲設計共通標準，讓每位遊戲設計師皆能輕鬆取得八十分的遊戲設計成果。

全員以滿分為目標

準則Know-how是實現滿分的輔助工具

然而，遊戲設計師不應該只滿足取得八十分，應以滿分為目標努力。

做為遊戲開發的核心人物，遊戲設計師如果能展現精益求精的態度，會為團隊帶來正面影響。而本書正是為了幫助遊戲設計師而生的輔助工具。

本書的主旨就是「**幫助每個人取得保底的八十分，以便後續專心追求滿分**」。然而受限於不健全的作業環境，現今要開發新遊戲時，遊戲設計師總是得從零分開始堆積成果。因此，大部分的遊戲製作在取得八十分之前，往往已經筋疲力盡。

只要摸清作業準則，要取得保底分數一點都不困難。因此，在堆積至八十分成果的階段之前，大可不必硬要創造不同的遊戲特色。因為就算在基礎的八十分內玩出各種花樣，玩家也很難感受到用心之處。

遊戲的製作關鍵是如何輕鬆取得保底的八十分，這樣才有多餘的時間與精力繼續追求滿分，而這個階段才是展現遊戲特色的時機。

有趣的遊戲能夠活化遊戲產業

如果我們能打造一個利用這個準則Know-how即輕鬆達成八十分遊戲成品的作業環境，將為遊戲設計帶來深遠的影響。

在這個基礎下，首先，會有愈來愈多接近滿分的好遊戲誕生，而好遊戲會吸引更多玩家開始玩遊戲。當整個遊戲產業愈來愈有活力和成熟，遊戲設計師就會獲得更多機會打造好遊戲。而當一個產業愈有魅力和活力，有志投入產業的人就會愈來愈多。於是，遊戲產業將聚集眾多優秀人才，繼續創造更多富有魅力的遊戲。最終這一切將形成良性循環，豐富整個遊戲界。

遊戲設計師做為遊戲開發的主幹人物，承擔著賦予遊戲趣味性的重要任務。從**整個遊戲產業的觀點來看，說遊戲設計師肩負著核心職責也不為過**。

讓每個人都能「賦予遊戲趣味性」

僅少數有才華的遊戲設計師才能夠打造出有趣的遊戲，如果這種狀況一直持續下去，那麼整個遊戲產業的發展將停滯不前。

這麼說可能有點誇張，但是創造**「每個人都能賦予遊戲趣味性」的工作環境，可說是在為遊戲界的未來打下深厚的基礎**。

衷心期盼本書的準則Know-how能夠成為遊戲界的共通標準，並在未來吸引更多遊戲設計師使用這套準則，繼續豐富遊戲設計Know-how。

POINT

1. 準則 Know-how 就好比是遊戲設計師的遊戲引擎。
2. 遊戲界若能使用同一套準則，就能創造遊戲設計的共通規格。
3. 遊戲設計師若能以滿分為目標，可為遊戲製作團隊帶來正面影響。
4. 即使在保底的八十分階段添加遊戲特色，也很難引起玩家注意。
5. 準則 Know-how 能幫助輕鬆取得保底的八十分。
6. 準則 Know-how 讓每個人都能夠「賦予遊戲趣味性」。

國家圖書館出版品預行編目資料

遊戲設計師全書 / 塩川洋介著 ; 劉人瑋譯. -- 初版. -- 臺北市 : 易博士文化, 城邦事業股份有限公司出版 : 英屬蓋曼群島商家庭傳媒股份有限公司城邦分公司發行, 2023.09
面； 公分
譯自 : ゲームデザインプロフェッショナル : 誰もが成果を生み出せる、『FGO』クリエイターの仕事術
ISBN 978-986-480-327-9(平裝)
1.CST: 電腦遊戲
312.8 112012428

DA6005

遊戲設計師全書

原著書名／ゲームデザインプロフェッショナル ー 誰もが成果を生み出せる、『FGO』クリエイターの仕事術
原出版社／技術評論社
作者／塩川洋介
譯者／劉人瑋
責任編輯／黃婉玉
行銷業務／施蘋鄉
總編輯／蕭麗媛

發行人／何飛鵬
出版／易博士文化
城邦文化事業股份有限公司
台北市中山區民生東路二段141號8樓
電話：(02) 2500-7008 傳真：(02) 2502-7676
E-mail：ct_easybooks@hmg.com.tw
發行／英屬蓋曼群島商家庭傳媒股份有限公司城邦分公司
台北市中山區民生東路二段141號11樓
書虫客服服務專線：(02) 2500-7718、2500-7719
服務時間：週一至週五上午09:30-12:00；下午13:30-17:00
24小時傳真服務：(02) 2500-1990、2500-1991
讀者服務信箱：service@readingclub.com.tw
劃撥帳號：19863813
戶名：書虫股份有限公司
香港發行所／城邦（香港）出版集團有限公司
香港灣仔駱克道193號東超商業中心1樓
電話：(852) 2508-6231 傳真：(852) 2578-9337
電子信箱：hkcite@biznetvigator.com
馬新發行所／城邦（馬新）出版集團【Cite (M) Sdn. Bhd.】
41, Jalan Radin Anum, Bandar Baru Sri Petaling,
57000 Kuala Lumpur, Malaysia.
電話：(603) 9056-3833 傳真：(603) 90576622
E-mail：services@cite.my

視覺總監／陳栩椿
美術・封面／簡至成
製版印刷／卡樂彩色製版印刷有限公司

■2023年9月28日 初版
ISBN 978-986-480-327-9
定價800元 HK$267

城邦讀書花園
www.cite.com.tw